Mohammad Arshad

Síntese e Aplicações Biológicas de Derivados de Heteroaril-Azóis

Mohammad Arshad

Síntese e Aplicações Biológicas de Derivados de Heteroaril-Azóis

Heteroaril-Azóis

ScienciaScripts

Cover image: www.ingimage.com

This book is a translation from the original published under ISBN 978-620-7-99559-2.

Publisher:
Sciencia Scripts
is a trademark of
Dodo Books Indian Ocean Ltd. and OmniScriptum S.R.L publishing group

120 High Road, East Finchley, London, N2 9ED, United Kingdom
Str. Armeneasca 28/1, office 1, Chisinau MD-2012, Republic of Moldova, Europe
Printed at: see last page
ISBN: 978-620-8-08393-9

Síntese e Aplicações Biológicas de Derivados de Heteroaril-Azóis

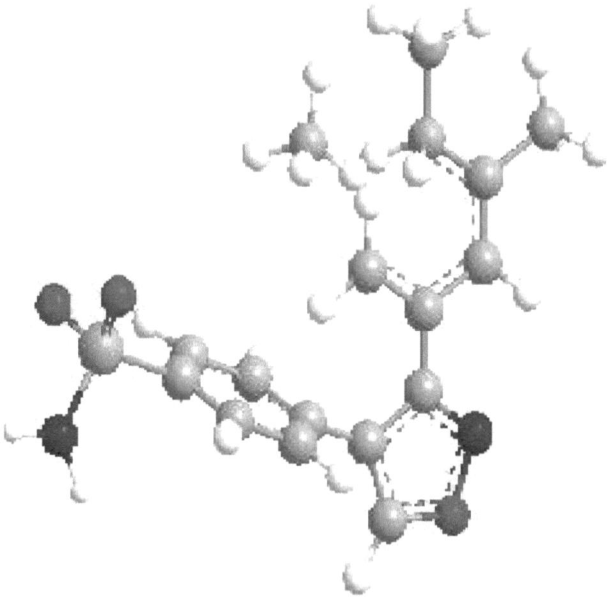

Autor: **Dr. Mohammad Arshad**

Filiação: **Departamento de Estudos Gerais e Ciências Al-Fayha, Colégio, Ministério da Educação, Al-Jubail,** Arábia **Saudita**

Agradecimentos

***Hamza Maghraby (Reitor) e** ao **Dr. Talal Maghrabi (Vice-Reitor), Colégio Al-Fayha, Ministério da Educação, Reino da** Arábia **Saudita,** pelo seu apoio e ajuda constantes. É um privilégio ter estado associado a eles. A sua orientação e mentoria foram inestimáveis para o meu crescimento académico e pessoal. Estou verdadeiramente grato pela sua crença inabalável no meu potencial e pelas inúmeras oportunidades que me proporcionaram para expandir os meus conhecimentos e competências. Gostaria também de agradecer a todos os meus colegas do Colégio Al-Fayha, Ministério da Educação, Reino da Arábia Saudita, pelo seu apoio e ajuda. Estendo também a minha gratidão à minha família e amigos, aos meus supervisores e colegas das minhas instituições anteriores pelo seu apoio contínuo e incondicional.*

Conteúdo

Capítulo 1

Núcleo de 1,2,4-oxadiazol com aplicações biológicas versáteis

1. INTRODUÇÃO:

Os compostos que contêm sistemas de anéis heterocíclicos são de grande importância tanto a nível medicinal como industrial. A título de exemplo, os heterociclos de cinco anéis com dois átomos de carbono, dois átomos de azoto e um átomo de oxigénio, conhecidos como oxadiazóis [**Figura-1a**], têm um interesse considerável em diferentes áreas da química medicinal e dos pesticidas, bem como na ciência dos polímeros e dos materiais.[1]

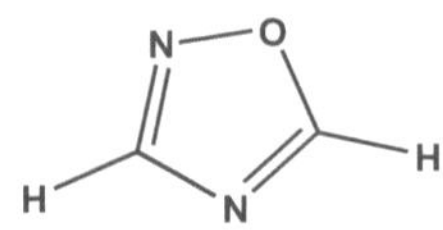

1,2,4-oxadiazole

Figure-1a

O 1,2,4-oxadiazol, conhecido como um éster isóstero, está presente em vários compostos biologicamente activos, tais como ligandos dos receptores das benzodiazepinas, agonistas dos receptores muscarínicos e antagonistas dos receptores 5-HT3.[2] Os derivados do 1,2,4-oxadiazol possuem atividade inibidora da triptase humana,[3] atividade antitripanossómica,[4] agentes de imagiologia da b-amiloide na doença de Alzheimer,[5] atividade genotóxica,[6] atividade inibidora de péptidos,[7] atividade anti-hiperglicémica,[8] potenciais análogos da Combretastatina A-4 (CA-4)[9] e as bases de mannich do oxadiazol apresentam atividade antimicobacteriana.[10] As 1,2,4-oxadiazóis-5-carboxamidas substituídas com arilo e heteroarilo representam uma classe relativamente pouco explorada de estruturas heterocíclicas com actividades fisiológicas promissoras. Assim, foram recentemente descritas como agentes antiplaquetários, antitrombóticos e antagonistas parciais da serotonina.[11] Várias 1,2,4-oxadiazóis e 1,3,4-oxadiazóis-carboxamidas contendo diferentes grupos lipofílicos (isto é, substituintes 4-bifenil, 1-naftil, fenilpropil e n-hexil) e grupos básicos adicionais que são principalmente resíduos de alquil e aminoalquil foram recentemente descritos como compostos antiplaquetários e antitrombóticos, bem como antagonistas da serotonina.[11]

2. Síntese e atividade farmacológica:

S. Ningaiah et al.[12] relataram a síntese de uma nova série de pirazolina amidoxima e pirazol-1,2,4-oxadiazol e avaliaram o seu significado farmacológico. As estruturas dos compostos recentemente sintetizados foram caracterizadas por estudos espectrais. Todos os compostos foram analisados quanto às suas actividades antioxidante, antimicrobiana e anti-inflamatória in vitro. Entre os compostos sintetizados, verificou-se que alguns compostos eram agentes antimicrobianos activos, para além de terem uma potente atividade antioxidante, enquanto alguns deles mostraram uma atividade anti-inflamatória promissora em comparação com o medicamento padrão **[Figura-2]**.

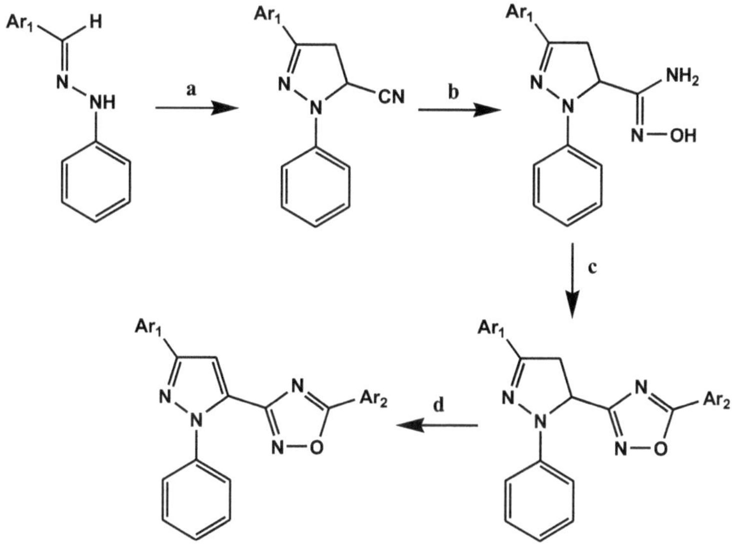

Reagents and conditions:
(a) acrylonitrile, chloramine-T, EtOH, reflux 3 h;
(b) NH2OH, HCl, Na2CO3, aq. EtOH, reflux 5–6 h;
(c)i Ar2-COOH, EDC, HCl, CH2Cl, rt for 6 h;
(c)ii heating 110 0C, 12 h;
(d) Br2, CH2Cl2, reflux 1 h.

Figure-2

Y. Wang et al.[13] descreveram a descoberta e otimização de 5-(2-((1-(fenilsulfonil)-1,2,3,4-tetrahidroquinolin-7-il)oxi)piridin-4-il)-1,2,4-oxadiazóis como novos agonistas do GPR119. O autor também correlacionou os resultados com a anilina previamente descrita como tendo uma eficácia subóptima em ensaios de sinalização utilizando GPR119 de macaco cynomolgus (cyno), tornando difícil a avaliação do alvo em modelos pré-clínicos. O autor observou que a substituição do anel de anilina por um anel de tetrahidroquinolina restringia a rotação da ligação C-N da anilina e dava origem a compostos com maior eficácia nos receptores humanos e cyno **[Figura-3]**.

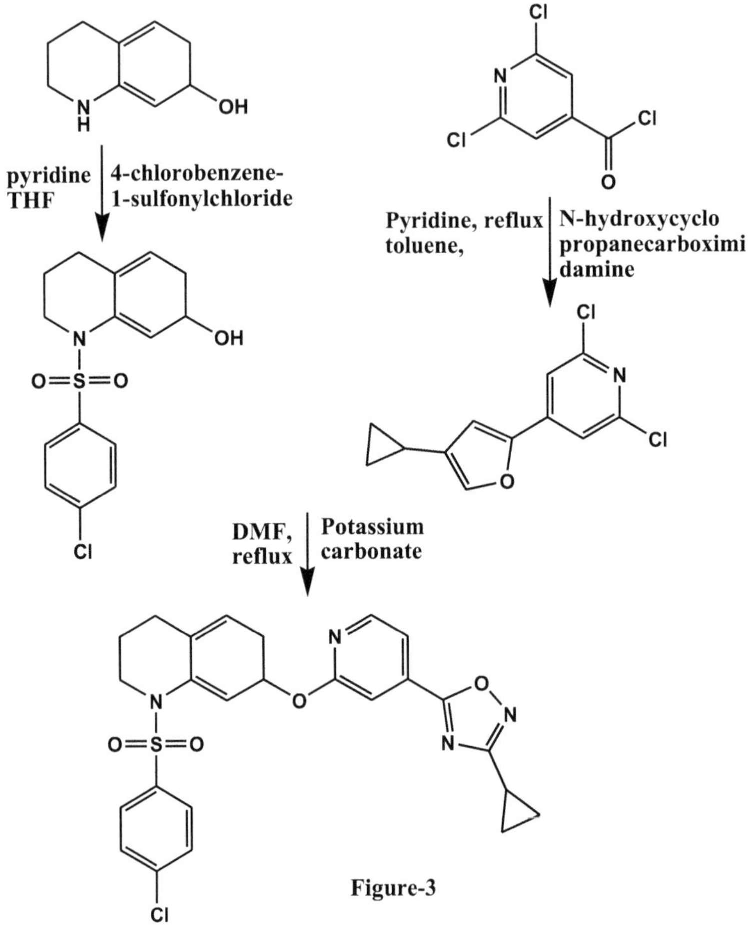

Figure-3

E. Muraglia et al.[14] relataram uma nova série de 4-[3-(quinolin-2-il)-1,2,4-oxadiazol-5-il]piperazinilureias como antagonistas alisados foi recentemente descrita, tendo a série sido optimizada através da incorporação de uma amina básica na ureia. Este desenvolvimento resultou na identificação de alguns antagonistas suavizados excecionalmente potentes com baixos desvios séricos; no entanto, a abertura redutora do anel no 1,2,4-oxadiazol em ratos limita a aplicabilidade destes compostos para estudos in vivo **[Figura-4]**.

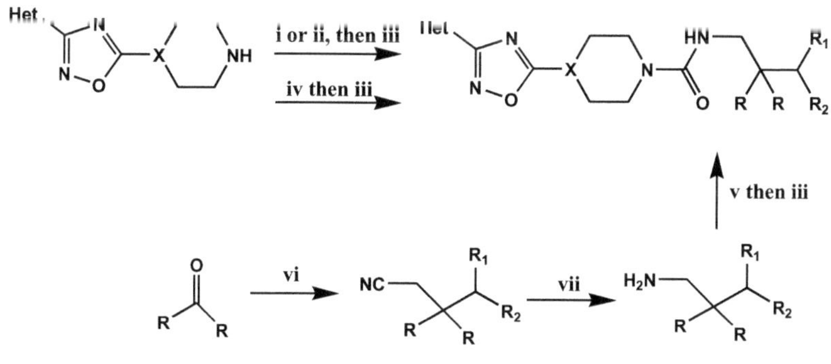

Figure-4

Reagentes e condições:

(i) CDI, Et_3 N, MeCN, 1.5 h, depois MeOTf, DCM,° C até RT; ii) CDI, Et3N, THF, lW, 130^0 C, 10 min, depois MeI, MeCN; iii) R00NH_2 , Et_3 N, DCM, 12 h; (iv) trifosgénio, DIPEA, _20° C, DCM, 20 min; (v) CDI, Et_3 N, 5° C, THF; (vi) R0R00NH, HCl, NaCN, H2O,^{0} C a RT; (vii) AlH3, THF, 0-45° C.

J. Xu et al.[15] relataram uma nova série de amidas baseadas em oxadiazóis que demonstraram ser potentes inibidores da DPP-4. O composto optimizado exibiu uma excelente seletividade sobre uma variedade de homólogos DPP-4 **[Figura-5].**

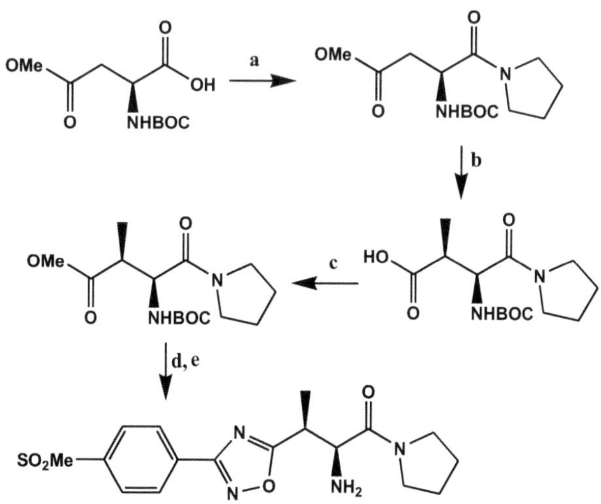

Figure-5

Reagentes e condições: (a) EDC, HOBT, DIEA, pirrolidina, DMF; (b) KHMDS, MeI, 78° C; (c) LiOH, THF, H_2O; (d) CDI, 4-metanossulfonilbenzamidoxima, rt, 1 h, depois 110° C, 12 h; (e) TFA/CH_2Cl_2 , 1 h.

K-S Yeung et al.[16] comunicaram o efeito da substituição C7-heteroaril na potência e nos perfis in vitro e in vivo dos inibidores da ligação do VIH-1 da classe das piperazinilbenzamidas indole-oxoacéticas. O autor explorou a substituição na posição C7 do 4-fluoroindol 2 com várias porções heteroariladas de 5 e 6 membros **[Figura 6]**. Foram identificados inibidores altamente potentes (picomolares) do VIH-1 pseudotipado num ensaio primário baseado em células e exemplos selecionados demonstraram possuir atividade inibitória nanomolar contra vírus M- e T-tropic em cultura celular. Estes análogos do C7-heteroaril-indole mantiveram a eficiência do ligando (LE) de compostos selecionados e foram também eficientes em termos de lipofilia, conforme medido por LLE e LELP. Os estudos farmacocinéticos desta classe de inibidores em ratos mostraram que vários possuíam uma depuração IV e meias-vidas substancialmente melhoradas em comparação com os compostos selecionados. A exposição oral no rato correlacionou-se com a permeabilidade da membrana, medida num ensaio Caco-2, em que o análogo de 1,2,4-oxadiazol altamente permeável apresentou a exposição mais elevada.

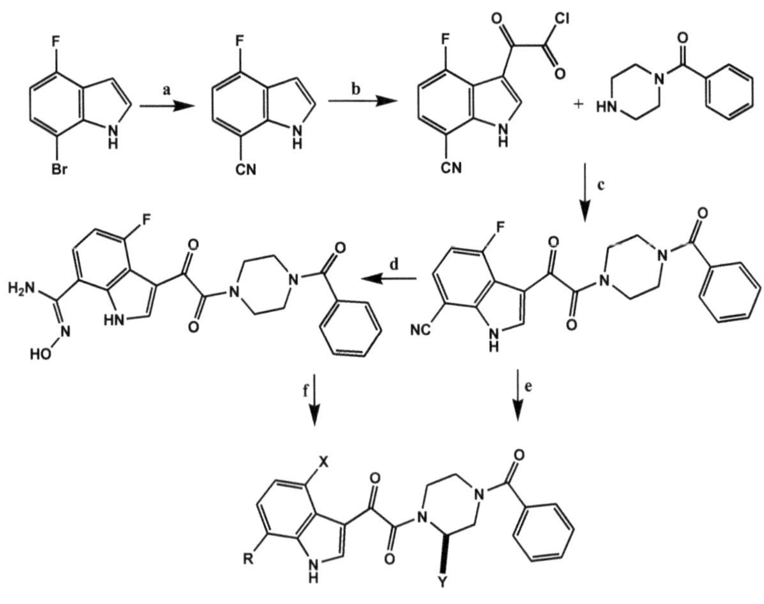

Figure-6

Reagentes e condições: (a) CuCN, DMF, 145° C, 17 h; (b) $(ClCO)_2$, CH_2Cl_2, refluxo, 3 dias; (c) i-Pr_2EtN, THF, rt, 16 h; (d) $HONH_2$, HCl, Et_3N, EtOH, rt, 36 h; (e) $HC(OEt)_3$ 105° C, 16 h; (f) NaN_3, NH_4Cl, DMF, 85° C; 12 h.

K. D. Rice et al.[17] relataram a síntese de 1,2,4-oxadiazóis em suporte sólido e observou-se que as condições de reação suaves aqui aplicadas e a metodologia têm um amplo âmbito de variação no oxadiazol na posição 5 **[Figura-7]**.

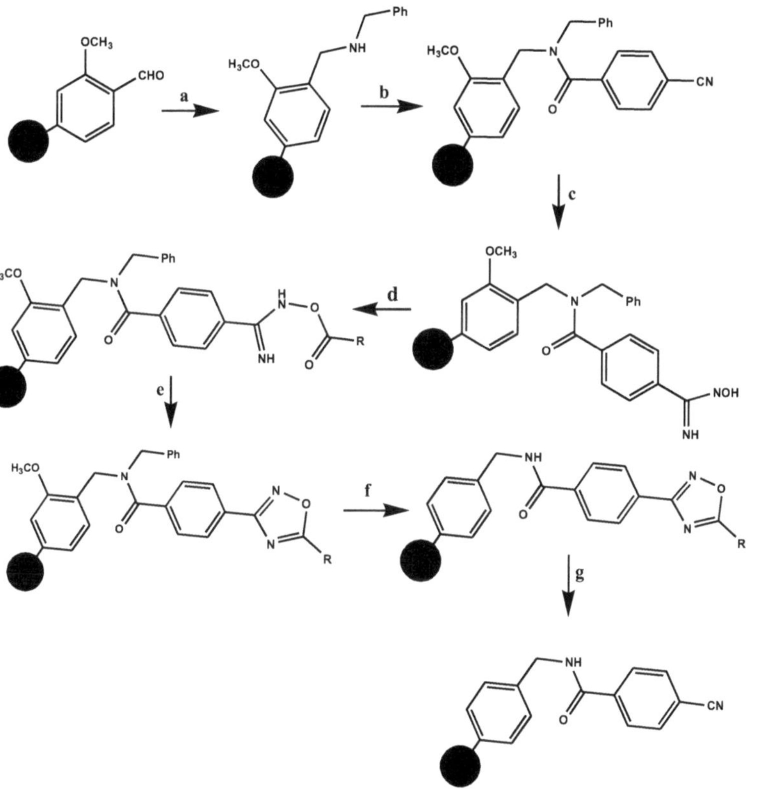

Figure-7

V. Santagada et al.[18] relataram a síntese assistida por micro-ondas de 1,2,4-oxadiazóis substituídos em solvente e em condições sem solvente, explorando a importância de alguns reagentes de acoplamento. Bons rendimentos e tempos de reação curtos foram os principais aspectos dos métodos **[Figura-8]**.

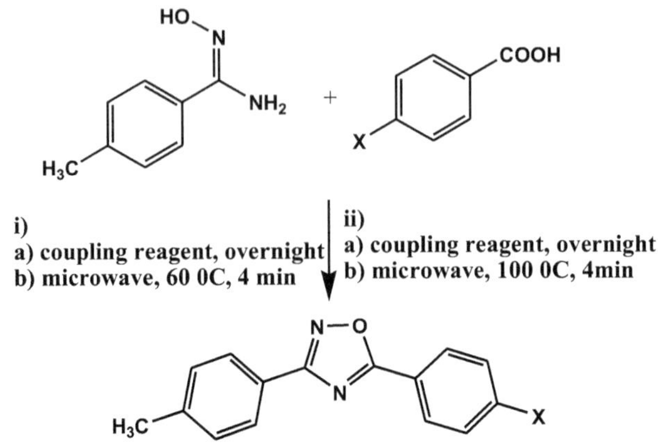

Figure-8

M. A. Weidner-Wells et al.[19] comunicaram que foi identificada uma nova série de antagonistas de IL-8 de 3,5-diarilisoxazol e 3,5-diaril-1,2,4-oxadiazol. Estes compostos apresentam atividade num ensaio de ligação de IL-8, bem como num ensaio funcional de libertação de elastase induzida por IL-8 a partir de neutrófilos. Além disso, um dos compostos apresenta atividade oral num modelo de artrite adjuvante em ratos **[Figura-9]**.

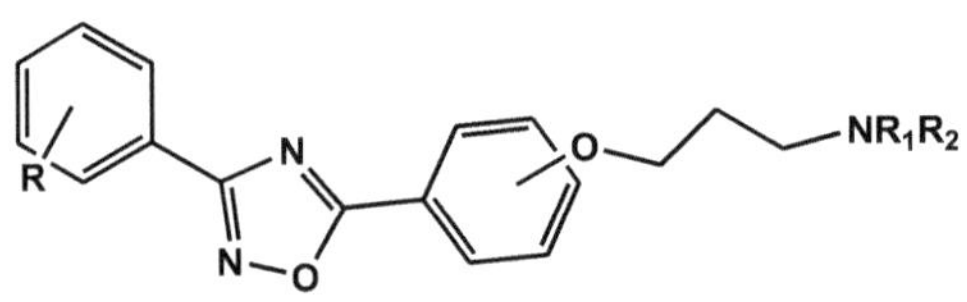

Figure-9

J. T. Palmer et al.[20] prepararam uma série de ceto-1,2,4-oxadiazóis potentes, concebidos para explorar a bolsa de ligação P2 da triptase de mastócitos humanos, ao mesmo tempo que conferem um elevado grau de seletividade em relação à tripsina humana e a outras serino-proteases **[Figura-10]**.

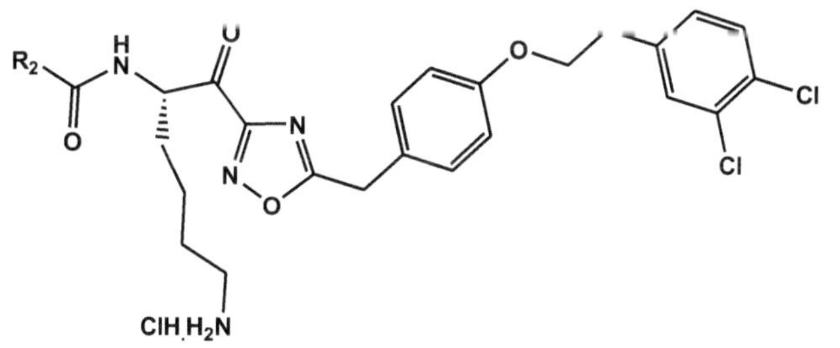

Figure-10

A. P. Piccionello et al.[21] relataram a síntese e a avaliação antibacteriana preliminar de derivados de 1,2,4-oxadiazóis semelhantes à linezolida. Todos os compostos sintetizados foram testados para avaliar a sua atividade antibacteriana contra uma série de isolados padrão e clínicos. O ensaio antibacteriano foi efectuado utilizando agentes patogénicos bacterianos Gram-positivos e Gram-negativos, tais como S. pyogenes, S. pneumoniae, S. aureus, E. coli e S. marcescens **[Figura-11]**.

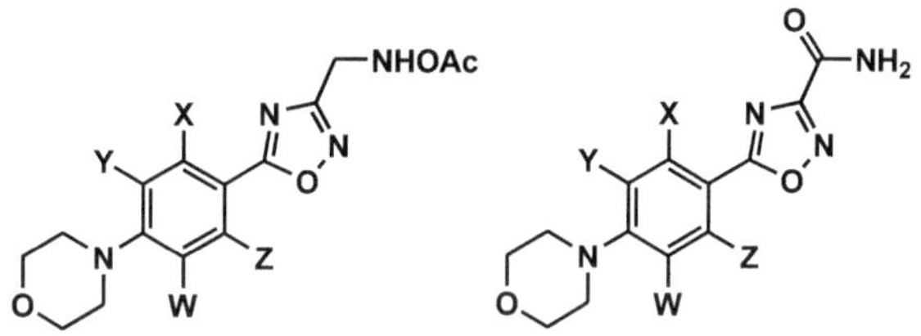

X,Y,W,Z=H
X,Y,Z=H;W=F
X,Y,W=H,W=F
X,Y,W=F,Z=H
X,Y,W,Z=F

Figure-11

G. Xi et al.[22] conceberam e elaboraram uma série de derivados de piperidil-oxadiazol como inibidores da 11β-HSD1 humana. Com base em estudos de docking, farmacocinética e SAR primário, verificou-se que alguns compostos eram inibidores potentes e selectivos da 11β-HSD1 humana com melhores propriedades farmacocinéticas do que as da piperidina-3-carboxamida original **[Figura-12]**.

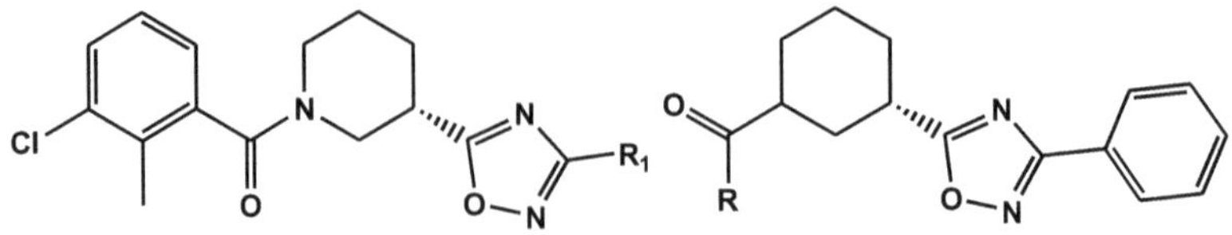

Figure-12

H-J Lankau et al.[23] relataram a síntese de uma nova série de derivados de 3 e 5-aril-1,2,4-oxadiazóis e testaram a sua atividade anticonvulsiva numa variedade de modelos. Estes 1,2,4-oxadiazóis apresentam uma atividade considerável tanto no modelo do pentilenotetrazol (PTZ) como no modelo da convulsão por eletrochoque máximo (MES). Os autores encontraram vários oxadiazóis que actuaram como compostos potenciadores selectivos do GABA, sem interação com o local de ligação das benzodiazepinas **[Figura-13]**.

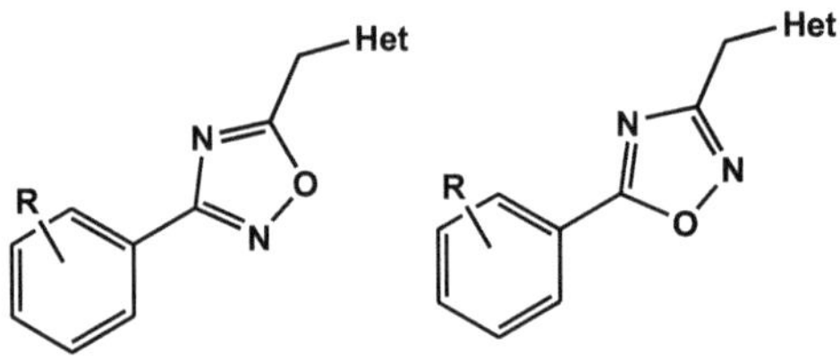

Figure-13

D. J. Ravindra et al.[24] relataram a síntese de alguns derivados de oxadiazol contendo análogos heteroarílicos de ureias biarílicas e avaliaram a sua atividade biológica como inibidores da DGAT1 **[Figura-14]**.

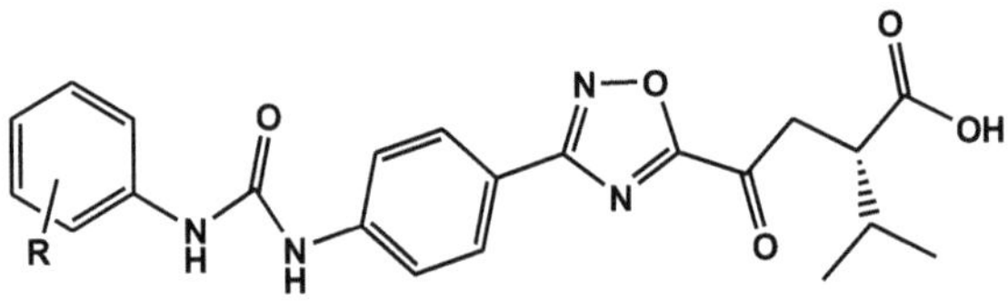

Figure-14

I. Maria et al.[25] relataram uma síntese simples e conveniente de 1,2,4-oxadiazóis 5-amino-substituídos, após as reacções de amidoximas com carbodiimidas, bem como a sua posterior derivatização para acetamidas, com bons rendimentos. A maioria dos compostos apresentou, em geral, uma baixa interação com o radical estável 1,1-difenil-2-picril-hidrazila. Os compostos selecionados foram analisados quanto à sua atividade anti-inflamatória in vivo utilizando o modelo de edema da pata por carragenina e mostraram uma atividade anti-inflamatória significativa. A capacidade dos compostos para libertar NO na presença de um fator tiol foi também investigada **[Figura-15]**.

Foi seguida uma estratégia convergente para modificar sistematicamente os ligandos dos receptores CB_2 baseados em carbazol. O comprimento do grupo *N*-(fluoroalquilo) (*n* em **7**), o comprimento da alcanamida (*m* em **7**) e o padrão de substituição da fração fenil (X e Y em **7**) foram sistematicamente variados. A afinidade CB_2 mais elevada foi encontrada para o derivado de carbazole substituído com 2-fluoroetilo (K_i = 5,8 nM) que contém a propionamida e a fração 2-bromo-4-fluorofenilo. De acordo com os estudos de docking, enquadra-se perfeitamente na bolsa de ligação do recetor CB_2 , mas o alongamento da cadeia lateral de fluoroetilo conduz a um modo de ligação diferente dos ligandos. A elevada afinidade do CB_2 , juntamente com a elevada seletividade em relação ao subtipo CB_2 , qualifica o derivado de fluoroetilo para ser desenvolvido como um marcador PET.

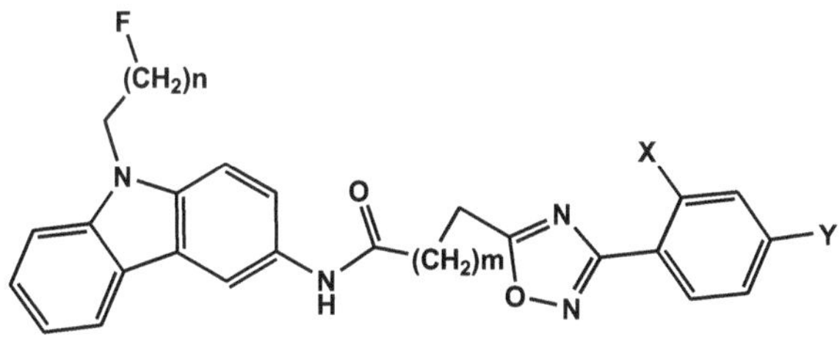

Figure-15

C. Lueg et al.[26] referiram que a DGAT-1 é uma enzima que catalisa o passo final na síntese de triglicéridos. As experiências de eliminação do ARNm em modelos de roedores sugerem que os inibidores desta enzima podem ser úteis no tratamento da obesidade e da diabetes tipo II. O inibidor 1 da DGAT-1, à base de ácido carboxílico, foi avançado para ensaios clínicos para o tratamento da diabetes tipo II, apesar da baixa permeabilidade passiva do inibidor da DGAT-1 **[Figura 16]**.

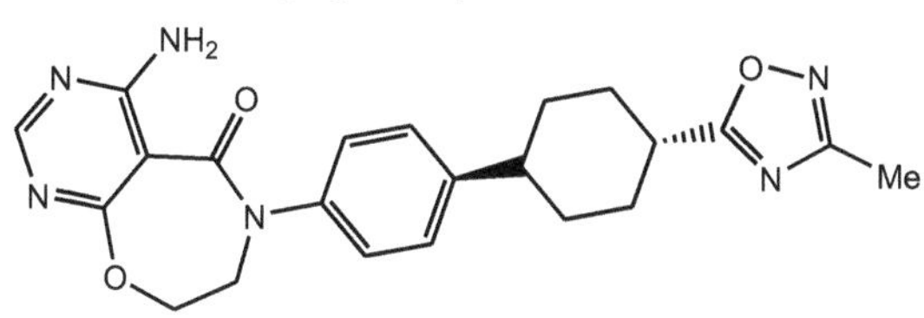

Figure-16

O mosquito *Aedes aegypti* é o agente vetor responsável pela transmissão dos vírus da febre amarela e da dengue a mais de 80 milhões de pessoas nas regiões tropicais e subtropicais do mundo. Esforços exaustivos conduziram a uma vacina candidata com uma eficácia de apenas 30% contra o vírus da dengue e incapaz de proteger os doentes contra o serótipo 2. Por conseguinte, o controlo dos vectores continua a ser a via mais viável para os programas de controlo da febre da dengue.[27]

V. S. Oliveira et al.[28] sintetizaram uma classe de derivados de 1,2,4-oxadiazóis cujos compostos biologicamente mais activos apresentam uma atividade potente contra larvas *de Aedes aegypti* (ca. de 15 ppm) e baixa toxicidade em mamíferos. A exposição a estes larvicidas resulta na pigmentação das larvas de uma forma correlacionada com as medições LC_{50}. As comparações estruturais do núcleo do 1,2,4-oxadiazol com inibidores conhecidos de enzimas de insectos permitiram identificar a transaminase da 3-hidroxiquinurenina como um alvo potencial para estes larvicidas sintéticos. Os cálculos de acoplamento molecular indicam que os compostos de 1,2,4-oxadiazol podem ligar-se à transaminase da 3-hidroxiquinurenina com conformação e energias de ligação semelhantes às do seu inibidor cristalográfico, o ácido 4-(2-aminofenil)-4-oxobutanóico **[Figura-17]**.

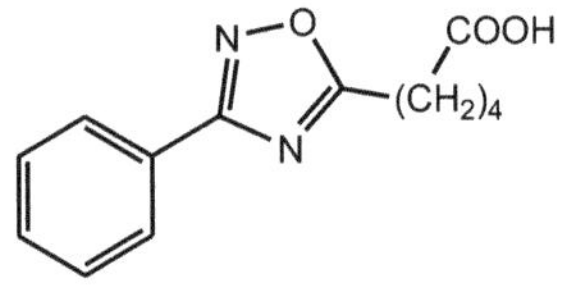

Figure-17

D. Cottrell et al.[29] relataram a síntese de uma série de derivados de 5-tiocianatometil e 5-alquil-3-aril-[1,2,4]-oxadiazóis e avaliaram a sua atividade contra parasitas cinetoplastídeos como Leishmania donovani e Trypanosoma brucei. Alguns compostos de toda a série apresentaram uma atividade promissora **[Figura-18]**.

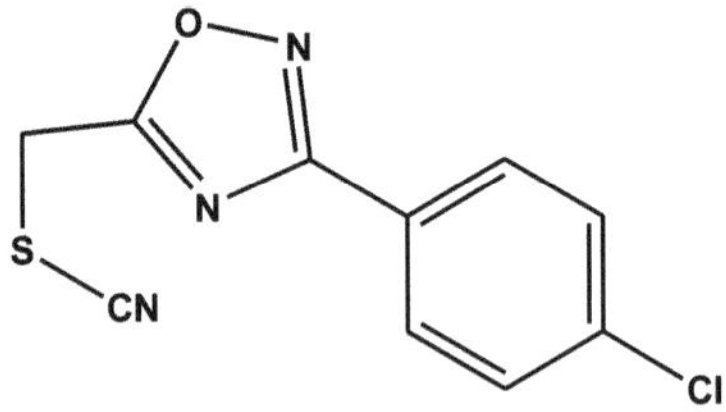

Figure-18

M. A. Weidner-Wells et al.[30] comunicaram a síntese de uma nova série de 3,5-diaril-[1,2,4]-oxadiazóis e testaram-nos como antagonistas da IL-8. A interleucina-8 (IL-8), um péptido de 72 aminoácidos, é um membro da família de quimiocinas C-X-C que se encontra em quantidades abundantes nos neutrófilos. Está ativamente envolvida no processo de inflamação, pelo que o antagonismo do recetor da IL-8 pode conduzir a agentes anti-inflamatórios únicos **[Figura-19].**

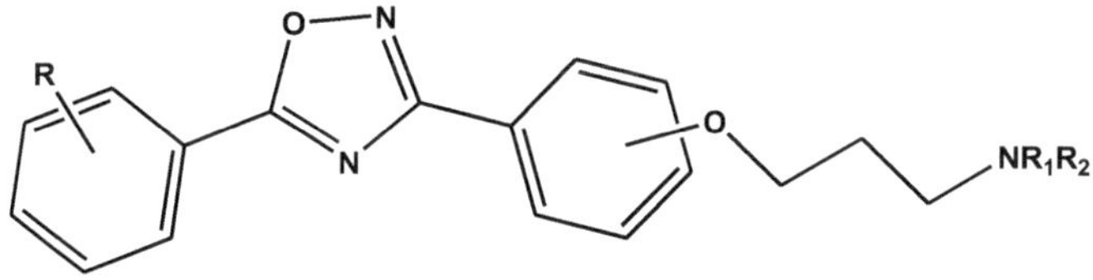

Figure-19

Z. Han-Zhong et al.[31] sintetizaram 3, 5-diaril-[1,2,4]-oxadiazóis como uma nova série de indutores de apoptose e potenciais agentes anticancerígenos. Verificou-se que o 5-(3-clorotiofen-2-il)-3-(4-trifluoro-metilfenil)-[1,2,4]oxadiazol apresenta uma boa atividade contra várias linhas celulares de cancro da mama e colorrectal **[Figura-20].**

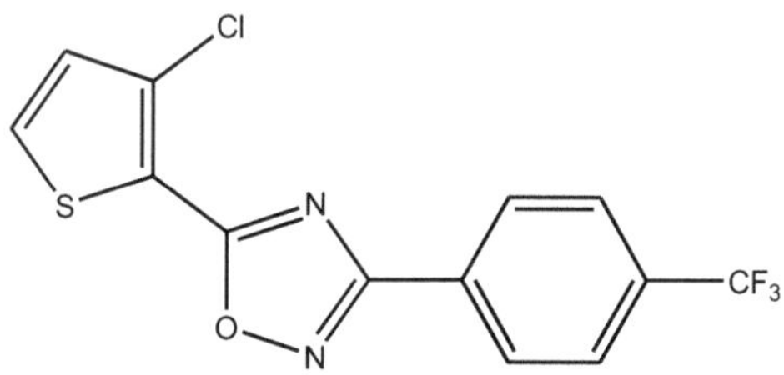

Figure-20

J. T. Palmer et al.[32] comunicaram a síntese de uma nova série de ceto-[1,2,4]-oxadiazóis, tendo-se verificado que alguns compostos são inibidores altamente potentes e selectivos da triptase humana. Estes compostos poderão ser úteis na terapia de doenças alérgicas, incluindo a asma **[Figura-21].**

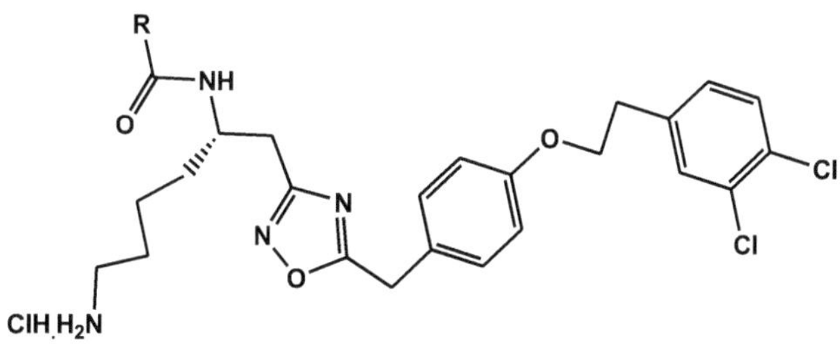

Figure-21

J. V. dos Anjos et al.[33] relataram a síntese convergente de uma classe invulgar (mas simples) de compostos através da reação de cicloadição [3 + 2] catalisada por cobre de

2,3,4,6-tetra-O-acetil-β-d-glucopiranosil azida com propionatos de propinilo 3-[3-(aril)-1,2,4-oxadiazol-5-il]. Todos os compostos foram avaliados em termos de estudos de citotoxicidade e apresentaram uma citotoxicidade fraca, mas alguns compostos tiveram um comportamento um pouco melhor, mostrando uma inibição do crescimento celular de 22-25% contra duas estirpes de células: NCI-H_{292} (carcinoma do pulmão) e HEp-2 (carcinoma da laringe) **[Figura-22].**

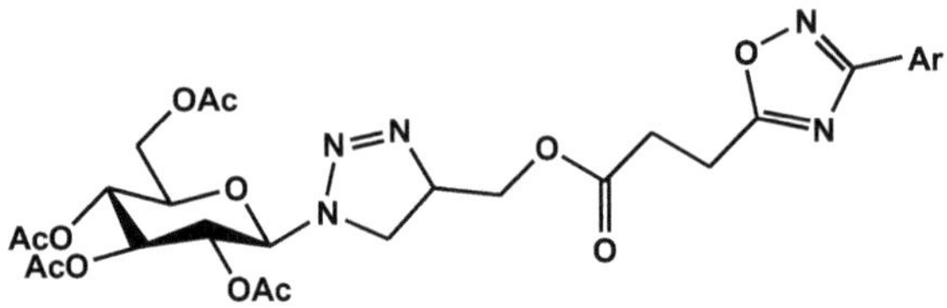

Figure-22

D. Kumar et al.[34] sintetizaram uma biblioteca de 1,2,4-oxadiazóis 3,5-dissubstituídos e respectivos bioisósteros, 1,3,4-oxadiazol e 1,3,4-tiadiazol, e avaliaram o potencial anticancerígeno *in vitro* de todos eles contra um painel de seis linhas celulares de cancro humano. O passo-chave na síntese de oxadiazóis envolve o acoplamento da amidoxima com um ácido carboxílico apropriado seguido de ciclização térmica. Os bioisósteros, 1,3,4-oxadiazol e 1,3,4-tiadiazol, foram preparados a partir da reação de um precursor comum, a diacil-hidrazina, com cloreto de tionilo e o reagente de Lawesson, respetivamente. Os estudos anticancerígenos dos compostos sintetizados revelaram que a presença de um ciclopentiloxi ou n-butiloxi no anel C-3 aril e de piperdin-4-il ou triclorometil na posição C-5 do 1,2,4-oxadiazol é essencial para uma boa atividade. Em particular, o 1,2,4-oxadiazol e o análogo 1,3,4-tiadiazol apresentaram uma atividade significativa contra as linhas celulares DU145 (IC_{50} : 9,3 μM) e MDA-MB-231 (IC_{50} : 9,2 μM), respetivamente **[Figura-23].**

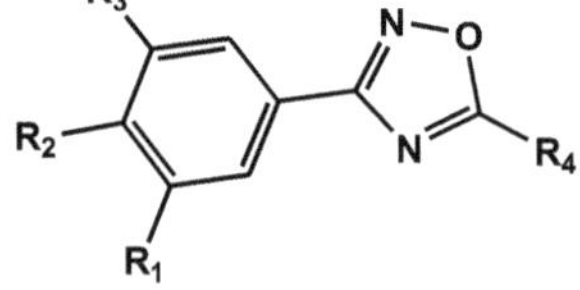

Figure-23

J. N. Sangshetti et al.[35] relataram que uma nova série de 3-(1-(1-substituído piperidin-4-il)-*1H-1*,2,3-triazol-4-il)-5-substituído fenil-1,2,4-oxadiazóis com 1,2,3-triazol e anel de piperidina foram sintetizados em uma etapa a partir de amidoxima usando Carbonil diimidazol (CDI) e K_2 CO_3 **[Figura-24].** Todos os compostos sintetizados são novos e avaliados quanto às suas actividades antifúngicas in vitro. A SAR para a série foi desenvolvida comparando os seus valores de MIC com o miconazol e o fluconazol. Alguns dos compostos da série foram equipotentes com o miconazol contra *Cryptococcus neoformans*, enquanto as actividades dos compostos contra *Aspergillus niger* e *Aspergillus flavus* foram comparáveis às do miconazol. O composto também apresenta uma atividade comparável à do miconazol contra *Candida albicans*, *A. niger* e *A. flavus*.

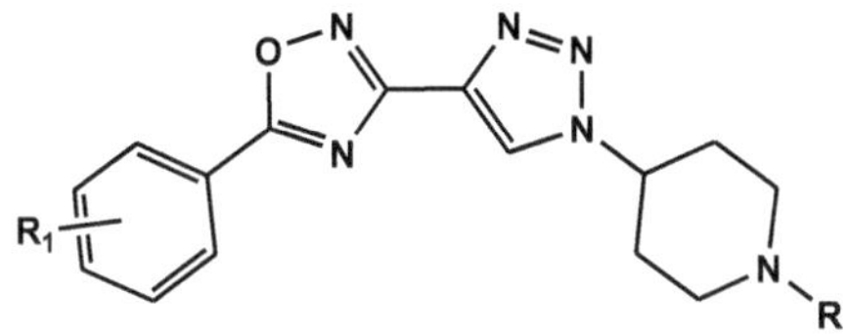

Figure-24

Os moduladores do recetor-1 de fosfato de esfingosina ($S1P_1$) foram recentemente focados como supressores da autoimunidade. T. Nakamura et al.[36] comunicaram a síntese do CS-2100 e os efeitos farmacológicos, tais como a atividade agonista do $S1P_1$ e do $S1P_3$ *in vitro*, os efeitos de redução dos linfócitos do sangue periférico e os efeitos supressores da artrite induzida por adjuvante e da encefalomielite autoimune experimental (EAE) em modelos animais. Os dados farmacocinéticos também foram relatados. O CS-2100 teve uma atividade agonista >5000 vezes maior para o S1P humano$_1$ (EC_{50} ; 4,0 nM) em relação ao $S1P_3$ (EC_{50} ; >20000 nM). Após a administração de doses orais únicas de 0,1 e 1 mg/kg de CS-2100 em ratos, a contagem de linfócitos diminuiu significativamente, com um nadir às 8 e/ou 12 horas após a dose e recuperação para os níveis de controlo do veículo às 24-48 horas após a dose. O CS-2100 é eficaz no modelo de artrite induzida por adjuvante em ratos (ID_{50} ; 0,44 mg/kg). No modelo EAE, em comparação com o grupo tratado com veículo, foram observadas reduções significativas nas pontuações cumulativas de EAE para os grupos de 0,3 e 1 mg/kg de CS-2100 em ratos. Embora o CS-2100 tenha demonstrado uma eficácia potente em vários modelos de doenças animais, também foi revelado que o anel central 1,2,4-oxadiazol do CS-2100 foi decomposto por enterobactérias no intestino de ratos e macacos, o que implica a preocupação latente com uma suscetibilidade externa no seu processo metabólico nos próximos estudos clínicos **[Figura-25]**.

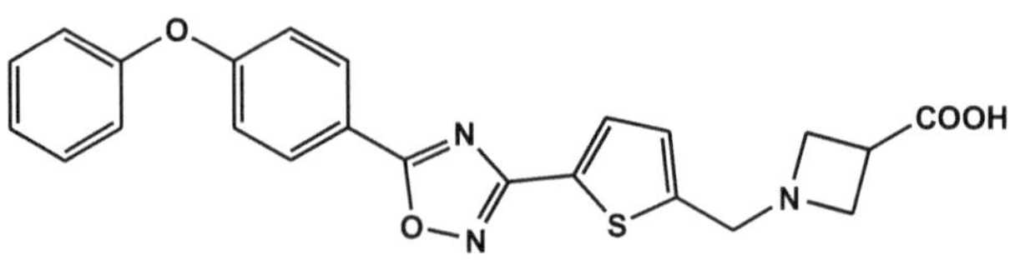

Figure-25

A. G. Koryakova et al.[37] comunicaram a síntese, a avaliação biológica e as dependências SAR de uma série de novos N-[3-(4-fenilpiperazin-1-il)propil]-1,2,4-oxadiazol-5-carboxamida como inibidores da GSK-3b quinase. Observou-se que a atividade inibitória dos compostos sintetizados era altamente dependente do tipo de substituinte no anel fenílico e da natureza do fragmento heterocíclico terminal do núcleo molecular. Os compostos mais potentes desta série contêm substituintes 3,4-di-metil ou 2-metoxi no anel fenílico e um fragmento de 3-piridina ligado ao heterociclo 1,2,4-oxadiazol **[Figura-26].**

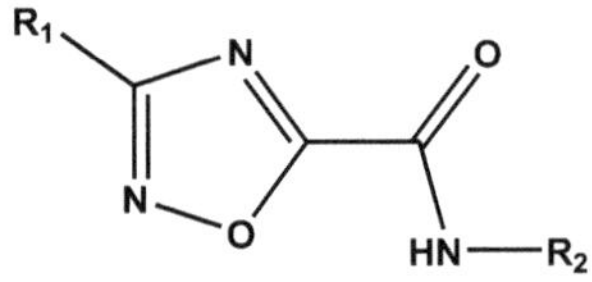

Figure-26

W. Kemnitzer et al.[38] relataram a descoberta de 3-aril-5-aril-1,2,4-oxadiazóis como uma nova série de indutores de apoptose. 2. Identificação de análogos mais solúveis em água como potenciais agentes anticancerígenos. O autor explorou as substituições nas posições 2 e 3 do grupo 3-arilo para melhorar as propriedades de solubilidade aquosa e identificar candidatos ao desenvolvimento. Uma pequena substituição, como metilo ou hidroximetilo na posição 2, foi bem tolerada. A modificação em combinação com um anel furano 3-substituído como o grupo 5-arilo, melhorou as propriedades de solubilidade. Verificou-se que alguns compostos tinham uma boa eficácia in vivo em estudos com animais através da administração intravenosa **[Figura-26].**

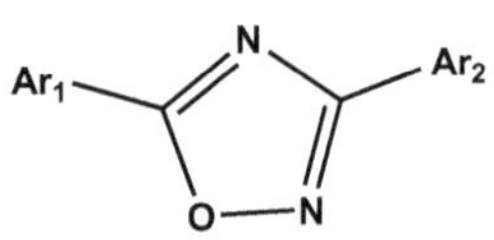

Figure-26

A linfopenia induzida pelo recetor S1P1 provou ser útil no tratamento de uma série de estados de doenças auto-imunes. D. Buzard et al.[39] relataram uma nova série química de agonistas do recetor S1P1 do ácido 4-oxo-4-(5-(5-fenil-1,2,4-oxadiazol-3-il)indolin-1-il)butanóico **[Figura-27]**.

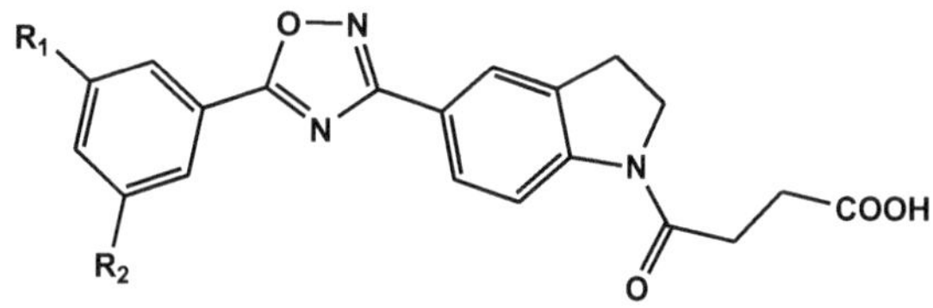

Figure-27

C-S Lee et al.[40] sintetizaram uma série de novos a-ceto-[1,2,4]-oxadiazóis que foram testados como inibidores da triptase humana para avaliação como uma nova classe de agente anti-asmático. A conceção do inibidor centrou-se na utilização de uma bolsa hidrofóbica do lado primário e da bolsa S2 da β-triptase para atingir a potência de inibição e a seletividade em relação a outras serina proteases **[Figura-28]**.

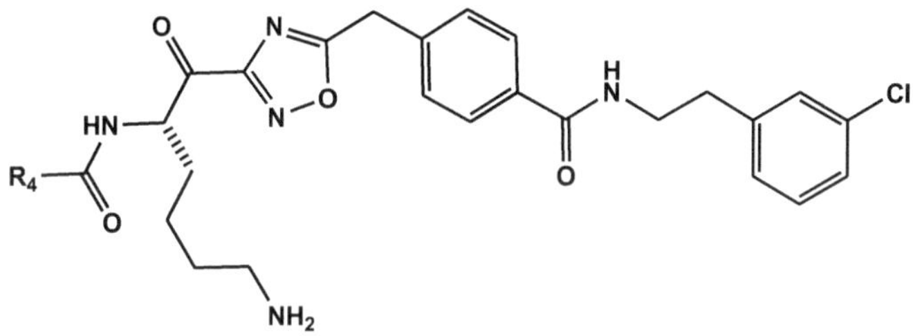

Figure-28

3. **CONCLUSÃO:** O potencial farmacológico do núcleo 1,2,4-oxadiazol é esclarecido a partir da literatura e de fármacos utilizados clinicamente. A literatura revelou que o 1,2,4-oxadiazol possui diversas potencialidades biológicas, rotas sintéticas fáceis para a síntese e atraiu investigadores para o desenvolvimento de novos agentes quimioterapêuticos, revelando também a importância do núcleo.

4. **REFERÊNCIAS:**

1. A Pace, P Pierro; A nova era dos 1,2,4-oxadiazóis. Org. Biomol. Chem. 7 4337-4348 (2009).
2. B. S. Orlek, F. E. Blaney, F. Brown, M. S. G.Clark, M. S. Hadley, J. Hatcher, G. J. Riley, H. E Rosenberg, H. J. Wyman Wadsworth; Comparação de esmeris azbicíclicos e oxadiazóis como ligandos para os receptores muscarínicos. P. J. Med. Chem. 34, 2726 (1991).

3. J. T. Palmer; R. M. Rydzewski, R. V. Mendonça; D. Sperandio, J. R. Spencer, B. L. Hirschbein, J. Lohman; J. Beltman, M. Nguyen, L. Liu; Conceção e síntese de inibidores selectivos da triptase à base de ceto-1,2,4-oxadiazóis. Bioorg. Med. Chem. Lett. 16, 3434 (2006).
4. J. M. D. S. Filho, A. C. L. Leite, B. G. de Oliveira, D. R. M. Moreira, M. S. Lima, M. B. P. Soares, L. F. C. C. Leite; Desenho, síntese e docking cruzado de 3-(4-substituído-aril)-1,2,4-oxadiazol-N-acil-hidrazonas como agentes anti-Trypanosoma cruzi. Bioorg. Med. Chem. 17, 6682 (2009).
5. M.Ono, M. Haratake, H. Saji, M. Nakayama; Desenvolvimento de novas sondas de beta-amiloide baseadas em 3,5-difenil-1,2,4-oxadiazol. Bioorg. Med. Chem. 17, 6867 (2008).
6. A. C. L. Leite, V. R. F. Fisher, de, M. D. R. Moreira, D. J. Brondani, R. M. Srivastava, V. F. da Silva, M. A. de Morais; Jr. Mutat. Res. Genet. Toxicol. Environ. Mutagénico 588, 166 (2005).
7. S. Borg, K. Luthman, F. Nyberg, L. Terenius, U. Hackselll; 1,2,4-Oxadiazóis derivados da fenilalanina: potenciais inibidores da substância P endopeptidase. Eur. J. Med. Chem. 28, 801 (1993).
8. M. S. Malamas, J. Sredy, M. McCaleb, I. Gunawan, B. Mihan, D. Sullivan; Antihyperglycemic activity of new 1,2,4-oxadiazolidine-3,5-diones, Eur. J. Med. Chem. 36, 31 (2001).
9. B. C. Das, X.-Y. Tang, P. Rogler, T. Evans; Projeto e síntese de 1,2,4-oxadiazóis contendo boro 3,5-dissubstituídos como potenciais análogos da combretastatina A-4 (CA-4), Tetrahedron Lett. 53, 3947 (2012).
10. M. A. Ali, M. Shaharyar; Oxadiazole mannich bases: síntese e atividade antimicobacteriana, Bioorg. Med. Chem 17, 3314 (2007).
11. K. Bethge, H. H. Pertz, K. Rehse; New oxadiazole derivatives showing partly antiplatelet, antithrombotic and serotonin antagonistic properties, Arch. Pharm. 338, 78 (2005).
12. S. Ningaiah, U. K. Bhadraiah, S. Keshavamurthy, C. Javarasett; Novel pyrazoline amidoxime and their 1,2,4-oxadiazole analogues: Synthesis and pharmacological screening, Bioorg. Med. Chem. Lett. 23, 4532-4539 (2013).
13. Y. Wang, M. Yu, J. Zhu, J. K. Zhang, F. Kayser, J. C. Medina, K. Siegler, M. Conn, B. Shan, M. P. Grillo, J. J. Liu, P. Coward; Descoberta e otimização de 5-(2-((1-(fenilsulfonil)-1,2,3,4-tetrahidroquinolin-7-il)oxi)piridin-4-il)-1,2,4-oxadiazóis como novos agonistas de gpr119. Bioorg. Med. Chem. Lett. 24, 1133-1137 (2014).
14. E. Muraglia, J. M. Ontoria, D. Branca, G. Dessole, A. Bresciani, M. Fonsi, C. Giuliano, L. L. Bufi, E. Monteagudo, M. C. Palumbi, C. Torrisi, M. Rowley, C. Steinkühler, P. Jones; N-(2-alquilaminoetil)-4-(1,2,4-oxadiazol-5-il)piperazina-1-carboxamidas as highly potent smoothened antagonists, Bioorg. Med. Chem. Lett. 21, 5283-5288 (2011).
15. J. Xu, L. Wei, R. J. Mathvink, S. D. Edmondson, G. J. Eiermann, H. He, J. F. Leone, B. Leiting, K. A. Lyons, F. Marsilio, R. A. Patel, S. B. Patel, L. Petrov, G. Scapin, J. K. Wu, N. A. Thornberry, A. E. Webe; Descoberta de inibidores potentes, selectivos e oralmente biodisponíveis da dipeptidil peptidase IV à base de oxadiazóis. Bioorg. Med. Chem. Lett. 16, 5373-5377 (2006).
16. K. S. Yeung, Z. Qiu, Z. Yin, A. Trehan, H. Fang, B. Pearce, Z. Yang, L. Zadjura, C. J. D'Arienzo, K. Riccardi, P. Y. Shi, T. P. Spicer, Y. F. Gong, M. R. Browning, S. H. K. Santone, J. Barker, T. Coulter, P. F. Lin, N. A. Meanwell, J. F. Kadow; Bioorg. Med. Chem. Lett. 23, 203-208 (2013).

17. K. D. Rice e J. M. Nuss; Síntese de 1,2,4-oxadiazóis em suporte sólido. Bioorg. Med. Chem. Lett. 11, 753-755 (2001).
18. V. Santagada, F. Frecentese, E. Perissutti, D. Cirillo, S. Terracciano e G. Caliendo, A suitable 1,2,4-oxadiazoles synthesis by microwave irradiation. Bioorg. Med. Chem. Lett. 14, 4491-4493 (2004).
19. M. A. Weidner-Wells, T. C. Henninger, S. A. Fraga-Spano, C. M. Boggs, M. Matheis, D. M. Ritchie, D. C. Argentieri, M. P. Wachter e D. J. Hlast;, Síntese e relações estrutura-atividade de 3,5-diarilisoxazóis e 3,5-diaril-1,2,4-oxadiazóis, novas classes de pequenas moléculas antagonistas do recetor da interleucina-8 (IL-8). Bioorg. Med. Chem. Lett. 14, 4307-4311 (2004).
20. J. T. Palmer, R. M. Rydzewski, R. V. Mendonça, D. Sperandio, J. R. Spencer, B. L. Hirschbein, J. Lohman, J. Beltman, M. Nguyen e L. Liu; Conceção e síntese de inibidores selectivos da triptase à base de ceto-1,2,4-oxadiazóis. Bioorg. Med. Chem. Lett. 16, 3434-3439 (2006).
21. A. P. Piccionello, R. Musumeci, C. Cocuzza, C. G. Fortuna, A. Guarcello, P. Pierro, A. Pace; Síntese e avaliação antibacteriana preliminar de derivados de 1,2,4-oxadiazóis semelhantes à linezolida. Eur. J. Med. Chem. 50 (2012) 441-448.
22. G. Xi, X. You, L. Liu, H. Liu, J. Wang, Y. Shi, P. Li, B. Xiong, X. Liu, J. Shen; Conceção, síntese e SAR de piperidil-oxadiazóis como inibidores da 11b-hidroxiesteróide desidrogenase 1. Eur. J. Med. Chem. 62, 1-10 (2003).
23. H. J. Lankau, K. Unverferth, C. Grunwald, H. Hartenhauer, K. Heinecke, K. Bernoster, R. Dost, U. Egerland, C. Rundfeldt; Novos derivados de 1,2,4-oxadiazóis moduladores do GABA e sua atividade anticonvulsiva. Eur. J. Med. Chem. 42, 873-879 (2007).
24. D. J. Ravindra, S. K. Kishorkumar, K. Shivaji, G. M. Tandra, K. R. Mahesh, K. B. Manoja, J. D. Nitin, D. Amol, D Lalit, P Nisha, A. E. Arno, A. V. Ram, H. Sivaramakrishnan, S. Shaila, K. V. S. Nemmani, G Amol, K. G. Ashok, R. Sharma; Síntese e avaliação biológica de isoxazol, oxazol e oxadiazol contendo análogos heteroarílicos de ureias biarílicas como inibidores de DGAT1. Eur. J. Med. Chem. 54, 324-342. (2012).
25. I. Maria, A. Michalis, K. Christos, E. K. Alexandros, E. L. Konstantinos, H-L. Dimitra, C. F. Konstantina; Síntese conveniente e perfil biológico de derivados de 1,2,4-oxadiazóis 5-amino-substituídos. Eur. J. Med. Chem. 45, 5635-5645 (2010).
26. C. Lueg, D. Schepmann, R. Günther, P. Brust, B. Wünsch; Desenvolvimento de agonistas fluorados dos receptores CB_2 para estudos PET. Bioorg. Med. Chem. 21 (23) 1, 7481-7498 (2013).
27. R. L. Dow, M. P. Andrews, J-C Li, E. M. Gibbs, A. Gzman-Perez, J. L. LaPerle, Q. Li, D. Mather, M. J. Munchhof, M. Niosi, L. Patel, C. Perreault, S. Tapley, W. J. Zavadoski; Definição dos elementos farmacóforos chave do PF-04620110: Descoberta de um inibidor neutro da DGAT-1 potente, oralmente ativo. Bioorg. Med. Chem. 21, (17) 5081-5097 (2013).
28. V. S. Oliveira, C. Pimenteira, D. C.B. da Silva-Alves, L. L.L. Leal, R. A.W. Neves-Filho, D. M.A.F. Navarro, G. K.N. Santos, K. A. Dutra, J. V. dos Anjos, T. A. Soares; A enzima 3-hidroxiquinurenina transaminase como potencial alvo para 1,2,4-oxadiazóis com atividade larvicida contra o vetor da dengue Aedes aegypti. Bioorg. Med. Chem. 21, (22) 6996-7003 (2013).
29. D. M Cottrell, C. J. Salem, M. M. Croft, S. L. Werbovetz; Atividade anti-cinetoplástida de 3-aril-5-tiocianatometil-1,2,4-oxadiazóis. Bioorg. Med. Chem. Lett. 12, 2815-2824 (2004).
30. M. A Weidner-Wells, T. C. Henninger, S. A. Fraga-Spano, C. M. Boggs, M. Matheis, D. M. Ritchie, D. C. Argentieri, M. P. Wachter, D. J. Hlasta; Síntese e

relações estrutura-atividade de 3, 5-diarilisoxazóis e 3, 5-diaril-1, 2, 4-oxadiazóis, novas classes de antagonistas dos receptores de interleucina-8 (IL-8) de pequenas moléculas. Bioorg. Med. Chem. Lett. 14, 4307-4311 (2004).

31. H. Z. Zhang, S. Kasibhatla, J. Kuemmerle, W. Kemnitzer, K. Ollis-Mason, L. Qiu, C. Crogan-Grundy, B. Tseng, J. Drewe S. Cai; X. Descoberta e relação estrutura-atividade de 3-aril-5-aril-1,2,4-oxadiazóis como uma nova série de indutores de apoptose e potenciais agentes anticancerígenos. J. Med. Chem. 48, 5215-5223 (2005).

32. J. T. Palmer, R. M. Rydzewski, R. V. Mendonça, D. Sperandio, J. R. Spencer, B. L. Hirschbein, J. Lohman, J. Beltman, M. Nguyen, L. Liu; Conceção e síntese de inibidores selectivos da triptase à base de ceto-1,2,4-oxadiazóis. Bioorg. Med. Chem. Lett. 16, 3434-3439 (2006).

33. J. V. dos Anjos, Ricardo A.W. Neves Filho, S. C. do Nascimento, R. M. Srivastava, S. J. de Melo, D.Sinou; Síntese e perfil citotóxico do glicosil-triazol ligado ao 1,2,4-oxadiazol em C-5 através de uma cadeia linear de átomos de carbono e oxigénio. Eur. J. Med. Chem. 44,(9) 3571-3576 (2009).

34. D. Kumar, G. Patel, A. K. Chavers, K-H Chang, K. Shah; Síntese de novos 1,2,4-oxadiazóis e análogos como potenciais agentes anticancerígenos. Eur. J. Med. Chem. 7 (46) 3085-3092 (2011).

35. J. N. Sangshetti, D. B. Shinde; Síntese de alguns novos 3-(1-(1-substituídopiperidin-4-il)-1H-1,2,3-triazol-4-il)-5-substituído fenil-1,2,4-oxadiazoles como agentes antifúngicos. Eur. J. Med. Chem. 2011 4 (46), 1040-1044.

36. T. Nakamura, M. Asano, Y. Sekiguchi, Y. Mizuno, K. Tamaki, F. Nara, Y. Kawase, Y. Yabe, D. Nakai, E. Kamiyama, Y. Urasaki-Kaneno, T. Shimozato, H. Doi-Komuro, T. Kagari, W. Tomisato, R. Inoue, M. Nagasaki, H. Yuita, K. Oguchi-Oshima, R. Kaneko, et al.; Síntese e avaliação de CS-2100, um potente, oralmente ativo e S1P $_3$- poupando S1P$_1$ agonista. Eur. J. Med. Chem. 51, 92-98 (2012) .

37. A. G. Koryakova, Y. A. Ivanenkov, E. A. Ryzhova, E. A. Bulanova, R. N. Karapetian, O. V. Mikitas, E. A. Katrukha, V. I. Kazey, I. Okun, D. V. Kravchenko, Y. V. Lavrovsky, O. M. Korzinova e A. V. Ivachtchenko; Novas N-[3-(4-fenilpiperazina-1-il)propil]-1,2,4-oxadiazol-5-carboxamidas substituídas com arilo e heteroarilo como inibidores selectivos da GSK-3. Bioorg. Med. Chem. Lett. 18, 3661-3666 (2008).

38. W. Kemnitzer, J. Kuemmerle, H-Z Zhang, S. Kasibhatla, B. Tseng, J. Drewe, S. X. Cai; Descoberta de 3-aril-5-aril-1,2,4-oxadiazóis como uma nova série de indutores de apoptose. 2. Identificação de análogos mais solúveis em água como potenciais agentes anticancerígenos. Bioorg. Med. Chem. Lett. 19, 4410-4415 (2009).

39. D. Buzard, S. Han, L. Thoresen, J. Moody, L. Lopez, A. Kawasaki,T. Schrader, C. Sage, Y. Gao, J. Edwards, J. Barden, J. Thatte, L. Fu, M. Solomon, L. Liu, H. Al-Shamma, J.Gatlin, M. Le, C. Xing, S. Espinola, R. M. Jones; Descoberta e caraterização de ácidos 4-oxo-4-(5-(5-fenil-1,2,4-oxadiazol-3-il)indolin-1-il)butanóicos potentes e selectivos como agonistas S1P1. Bioorg. Med. Chem. Lett. 21, 6013-6018 (2011).

40. C-S Lee, W. Liu, P. A. Sprengeler, J. R. Somoza, J. W. Janc, D. Sperandio, J. R. Spencer, M. J. Green e M. E. McGrath; Conceção de inibidores novos, potentes e selectivos da b-triptase humana baseados em a-ceto-[1,2,4]-oxadiazóis. Bioorg. Med. Chem. Lett. 16, 4036-4040 (2006).

Capítulo 2

1,3,4 Oxadiazóis: Química e aplicações biológicas

1. INTRODUÇÃO:

O 1,3,4-Oxadiazol (**1**, **Figura-1**) é um composto heterocíclico que contém um átomo de oxigénio e dois átomos de azoto num anel de cinco membros. É derivado do furano por substituição de dois grupos metileno (=CH) por dois nitrogénios do tipo piridina (-N=)[1-2]. Existem três isómeros conhecidos: 1,2,4-oxadiazol (**2**), 1,2,3-oxadiazol (**3**) e 1,2,5-oxadiazol (**4**) (**Figura-1**). No entanto, o 1,3,4-oxadiazol e o 1,2,4-oxadiazol são mais conhecidos e mais estudados pelos investigadores devido às suas muitas propriedades químicas e biológicas importantes.

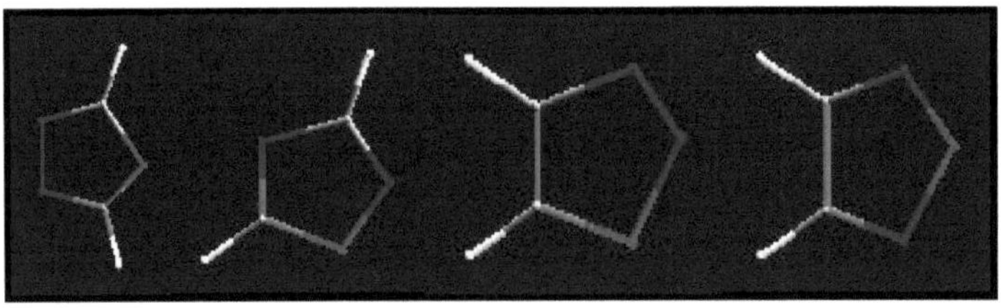

1 2 3 4

Figura-1: Representação das imagens 3D dos isómeros do oxadiazol

Os compostos que contêm o anel oxadiazol possuem uma grande variedade de actividades biológicas, tais como anti-inflamatória, analgésica, antimicrobiana, anticonvulsiva, antiproliferativa, antimicobacteriana, antiprotozoária, antidiabética, anti-helmíntica, hipoglicémica, antialérgica, inibidora de enzimas, inseticida, anticancerígena, antineoplásica, representante do SNC e pesticida[3-24]. O 1,3,4-oxadiazol é um excelente bioisóstomo de grupos funcionais amida e éster e, segundo consta, contribui substancialmente para a atividade farmacológica ao participar em interações de ligação de hidrogénio com vários receptores[25]. O oxadiazol é uma base muito fraca devido ao efeito indutivo do heteroátomo extra. A substituição de dois grupos -CH= no furano por dois nitrogénios do tipo piridina (-N=) reduz a aromaticidade do anel de oxadiazol resultante de tal forma que o anel de oxadiazol exibe o carácter de um dieno conjugado. A pesquisa bibliográfica revela que os oxadiazóis sofrem várias reacções, como a substituição electrofílica, a substituição nucleofílica, a térmica e a fotoquímica[1]. Os fármacos atualmente disponíveis que contêm unidades de oxadiazol utilizadas em medicamentos clínicos são o Raltegravir, um medicamento antirretroviral, e o Zibotentan, um agente anticancerígeno[26-27] .

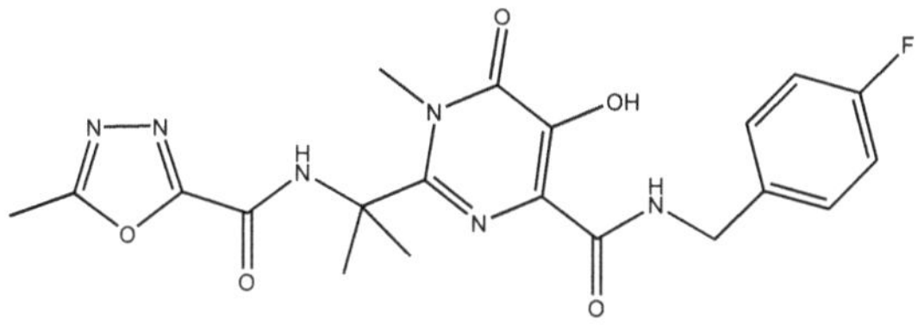

4.1.1

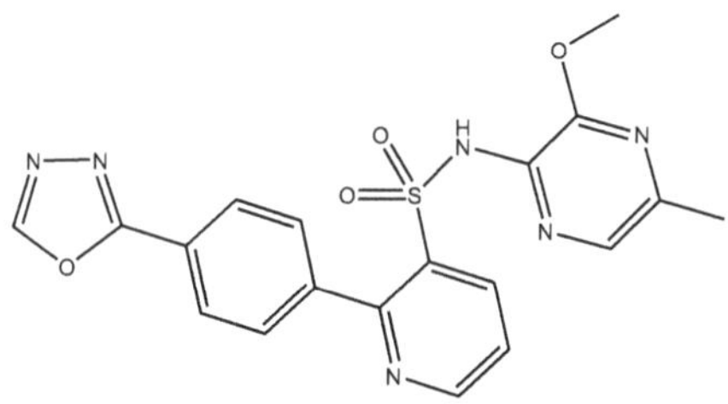

4.1.2

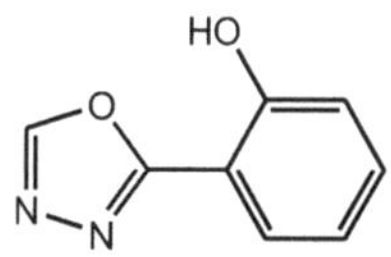

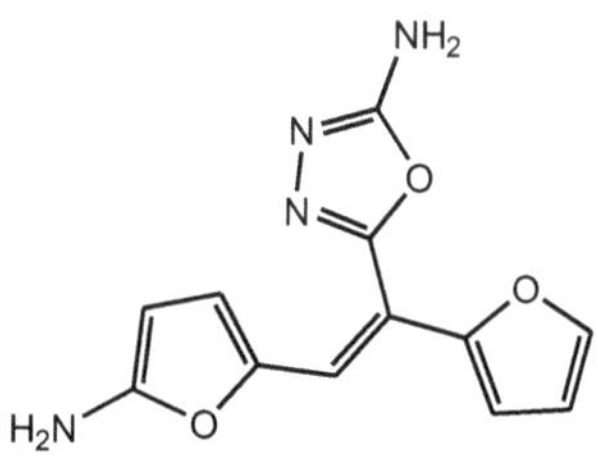

Fenadiazole (Hypnotic) **Furamizole (Antibacterial)**

2. Síntese e farmacologia de derivados de oxadiazóis:

Ming-Zhi et al. sintetizaram três séries de derivados de 1,3,4-oxadiazóis à base de indol e conceberam-nos como análogos do produto natural antifúngico pimprinina. Os autores também avaliaram as suas actividades antifúngicas e os resultados mostraram que os derivados sintetizados apresentavam um padrão alterado de atividade biológica em comparação com o produto natural pimprinina **[Figura 2]**.

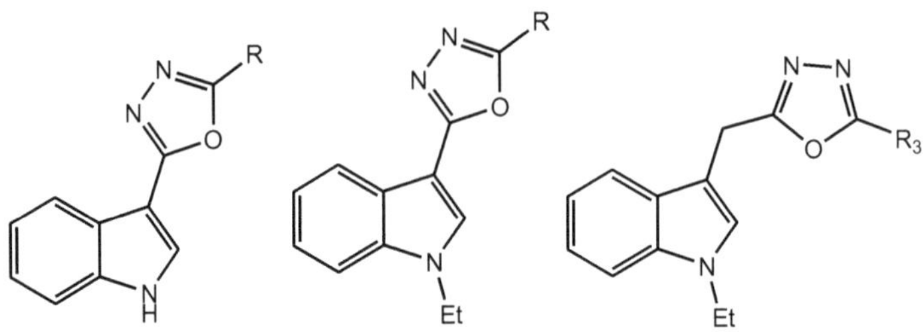

Figure-2

Shyma et al. sintetizaram uma nova série de derivados de 3-acetil-2-aril-2H/methyl-5-[3-(6-methylpyridinyl)]-2,3-dihydro-[1,3,4]-oxadiazole a partir de 6-methyl nicotinate através de uma sequência de reação de várias etapas. Todos os compostos sintetizados foram analisados quanto à sua atividade antimicrobiana e atividade antioxidante. Os compostos finais foram submetidos a estudos de acoplamento molecular para a inibição da enzima L-glutamina: D-frutose-6-fosfato amidotransferase [GlcN-6-P] (EC 2.6.1.16). Os resultados dos estudos de acoplamento molecular in silico coincidiram com os estudos in vitro e podem ser considerados como bons inibidores da GlcN-6-P sintase-6-metilpiridina **[Figura-3]**.

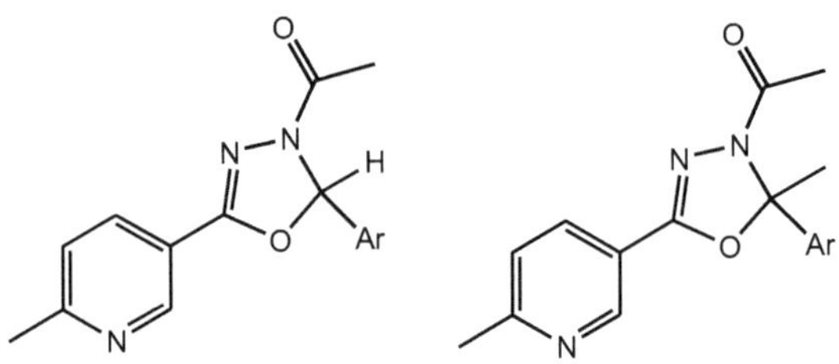

Figure-3

A enzima tirosinase é uma enzima monofenol monoxigenase, que desempenha um papel importante no ser humano como enzima limitadora da taxa de diferentes vias metabólicas específicas, bem como a sua aplicação útil na indústria e na agricultura. Por conseguinte, Mohamed M. El Sadek et al relataram a síntese e o bioensaio de uma nova classe de derivados de furanil-1,3,4-oxadiazol e também testaram a atividade da enzima tirosinase, na esperança de os utilizar no tratamento de algumas doenças decorrentes de perturbações da atividade da tirosinase, como a doença de Parkinson, a esquizofrenia, o autismo, o défice de atenção, a perturbação de hiperatividade e o cancro.

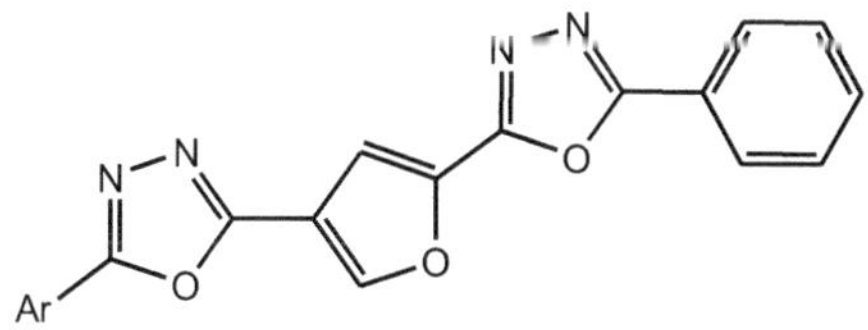

Huiguo Lai et al. sintetizaram uma biblioteca específica de derivados híbridos de 1,2-benzoisotiazol-3(2H)-ona-1,3,4-oxadiazol e investigaram a sua atividade inibidora contra o DENV2 NS2B/NS3pro e o WNV NS2B/NS3pro. Foram também efectuados estudos de modelação molecular para delinear o modo de ligação putativo desta série de compostos. Verificou-se que vários membros desta série de compostos inibem as duas enzimas, tendo sido identificado um inibidor de baixa micromolaridade capaz de inibir ambas as enzimas. É importante notar que os estudos bioquímicos indicam que os compostos actuam como inibidores competitivos. Observou-se que dez dos vinte e quatro compostos apresentaram uma inibição superior a 50% contra as proteases do DENV2 e do WNV **[Figura-5]**.

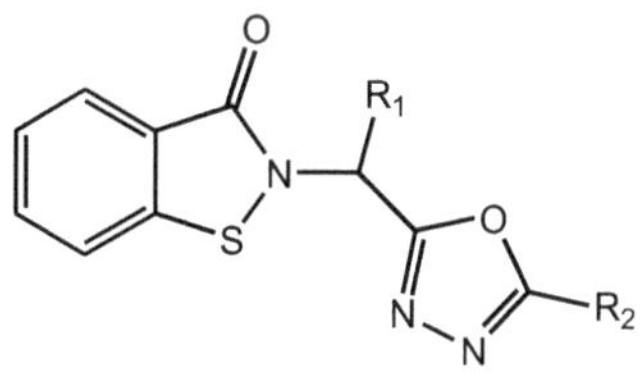

Figure-5

Desai et al. relataram a síntese, a caraterização, o rastreio antimicrobiano e as actividades de citotoxicidade de derivados de 1,3,4-oxadiazóis com clubes de tiazóis. Os resultados indicaram que alguns compostos apresentavam a atividade antibacteriana mais potente. A relação estrutura-atividade revelou que a presença de grupos retiradores de electrões na posição para do anel fenílico aumentou notavelmente a atividade antibacteriana dos compostos sintetizados. Além disso, os resultados dos estudos preliminares de citotoxicidade MTT em células HeLa sugeriram que a potente atividade antimicrobiana dos compostos sintetizados é acompanhada por uma baixa citotoxicidade **[Figura-6]**.

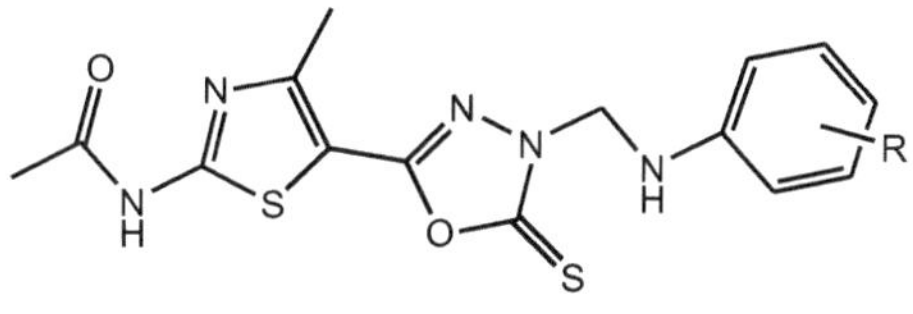

Figure-6

Kikkeri P. Harish et al. relataram a síntese de uma série de novos derivados de 1-[5-(4-metoxifenil)-[1,3,4]oxadiazol-2-il]-piperazina e caracterizaram-nos por análises elementares,[1] H RMN,[13] C RMN e estudos de espectros de massa. Os compostos recentemente sintetizados foram analisados quanto à sua atividade anticonvulsiva contra o modelo de convulsão por eletrochoque máximo (MES) em ratos wistar machos e comparados com o medicamento padrão fenitoína. Os resultados mostraram que alguns compostos foram considerados os mais potentes **[Figura-7]**.

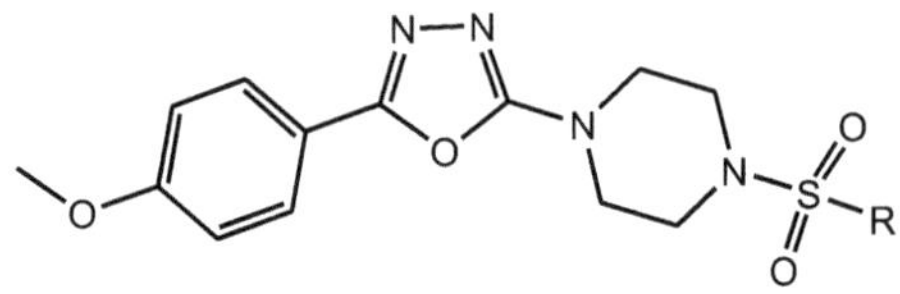

Figure-7

Juan Sun et al. sintetizaram uma série de derivados de quinolina e também avaliaram as suas actividades biológicas como potenciais inibidores da telomerase. Os testes de bioensaio demonstraram que a maioria dos compostos apresentava uma atividade antitumoral substancial de largo espetro contra as três linhas de células cancerígenas (HepG2, SGC-7901 e MCF-7). Além disso, todos os compostos do título foram testados quanto à inibição da telomerase utilizando o ensaio TRAP-PCR-ELISA. Alguns compostos da série apresentaram as actividades anticancerígenas mais potentes, que foram comparáveis ao controlo positivo. Foi realizada uma simulação de docking para posicionar os compostos do título no sítio ativo da estrutura da telomerase para determinar o modelo de ligação provável. Os resultados do ensaio enzimático e antiproliferativo sugeriram que estes compostos eram potenciais agentes antitumorais. A partir dos resultados, pode concluir-se que alguns derivados de quinolina são bons candidatos para o rastreio e investigação de agentes antitumorais. O modelo de quinolina com a porção 1,3,4-oxadiazol foi adequado para reconstruir e conceber o desenvolvimento de mais fármacos terapêuticos potenciais contra o cancro **[Figura-8]**.

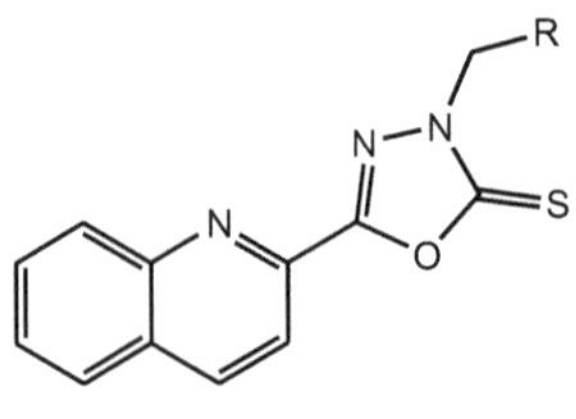

Figure-8

Num estudo recente, Rajesh A. Rane et al. comunicaram a síntese e a avaliação antimicrobiana de 42 novos 1,3,4-oxadiazóis à base de 4-nitropirrol. As moléculas sintetizadas foram avaliadas quanto a actividades antibacterianas, antifúngicas e anti-tuberculosas. Promissoramente, a maioria dos compostos mostrou uma potência igual ou superior à da ciprofloxacina padrão contra *S. aureus*, *B. subtilis* e *E. coli.* Um composto exibiu a maior atividade anti-tuberculosa (0,46 µg/mL) próxima da isoniazida padrão (0,40 µg/mL). A atividade antifúngica igual (1,56 µg/mL) em comparação com a anfotericina-B padrão foi demonstrada pela maioria dos compostos. Todos os compostos N-metilados mostraram uma atividade mais potente a igual contra MSSA (MIC 0,39-1,56 µg/mL) e MRSA (MIC 0,78-1,56 µg/mL). Todos os compostos foram testados quanto à toxicidade em células de mamíferos utilizando a linha celular VERO e foram considerados não tóxicos **[Figura-9]**.

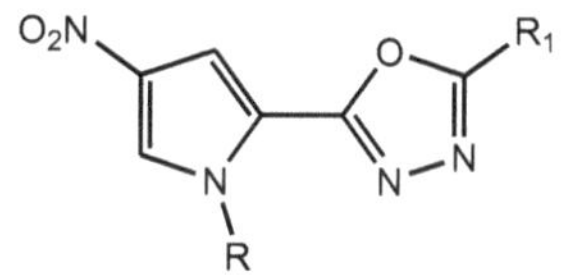

Figure-9

Fanny Palace-Berl et al. relataram a síntese e a avaliação biológica de derivados de 5-nitro-2-furfuriliden e também avaliaram a atividade anti-Trypanosoma cruzi de derivados de 5-nitro-2-furfuriliden. Todos os compostos activos sintetizados foram avaliados para o ensaio de citotoxicidade da linha celular de macrófagos J774 e células de fibroblastos humanos FN1. Os resultados indicaram que a atividade anti-T. cruzi dos compostos investigados relativamente às duas séries é fortemente influenciada pelas propriedades físico-químicas do grupo substituinte ligado ao anel benzénico e o ensaio de citotoxicidade mostrou que alguns compostos apresentaram índices de seletividade interessantes **[Figura-10]**.

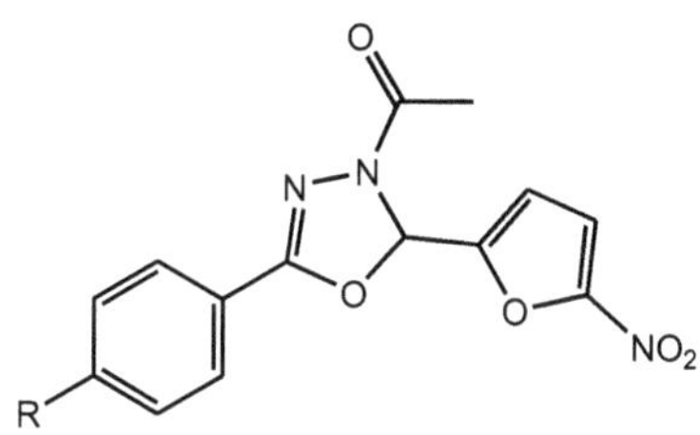

Figure-10

Shuai Zhang et al. conceberam e sintetizaram uma série de novos derivados de 1,3,4-oxadiazol contendo uma porção de benzotriazol como potenciais inibidores da quinase de adesão focal (FAK). Todos os compostos sintetizados foram avaliados quanto à sua atividade anticancerígena contra as linhas celulares MCF-7 (cancro da mama humano) e HT29 (cancro colorrectal humano). Alguns compostos mostraram uma atividade inibidora potente contra as linhas celulares MCF-7 e HT29 com valores IC_{50} de 5,68 lg/ml e 10,21 lg/ml, respetivamente. Todos os compostos foram também testados quanto à atividade inibidora da FAK utilizando o ensaio TRAP-PCR-ELISA e os resultados mostraram que alguns compostos apresentaram uma atividade inibidora potente da FAK com valores IC_{50} de 1,2 ± 0,3 lM **[Figura-11]**.

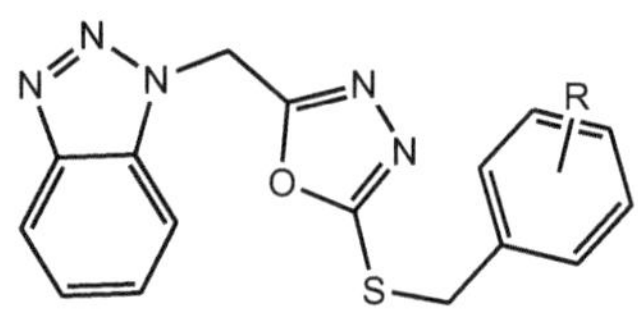

Figure-11

Qian-Ru Du et al. relataram que uma série de novos derivados de tioéteres de 1,3,4-oxadiazol foram concebidos e sintetizados como potenciais inibidores da timidilato sintase (TS) e como agentes anticancerígenos. As actividades anticancerígenas in vitro destes compostos foram avaliadas contra três linhas de células cancerígenas através do ensaio MTT. Entre todos os compostos concebidos, o composto com um substituinte nitro apresentou actividades anticancerígenas in vitro mais potentes. A SAR para estes compostos concebidos contra a TS humana revela que o tipo e a posição do(s) substituinte(s) no anel fenílico ou heterociclo são importantes e observou-se que a natureza do grupo retirador de electrões na posição 4 do anel fenílico é prejudicial para a inibição potente da TS **[Figura-12]**.

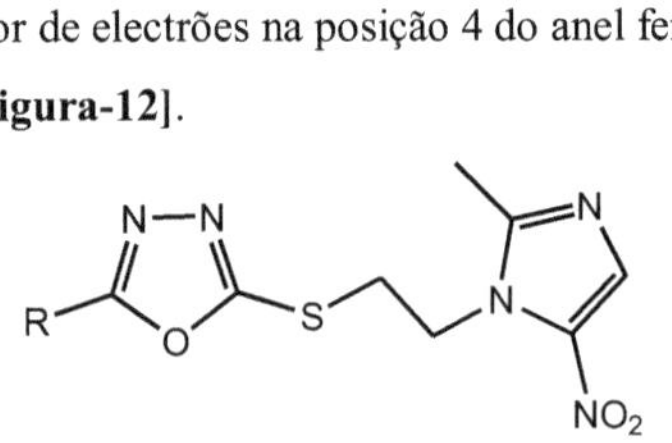

Figure-12

Liang Maa et al. relataram que uma nova série de bases de Mannich de derivados de 1,3,4-oxadiazol com 1,4-benzodioxano foi sintetizada e analisada quanto à sua atividade antioxidante in vitro, utilizando o radical 2,20-difenil-1-picrilhidrazil (DPPH), o radical catiónico 2,20-azinobis (3-etilbenzotiazolina-6-sulfonato) (ABTS+.) e ensaios de eliminação do poder antioxidante redutor férrico (FRAP). Observou-se que a combinação de 1,4-benzodioxano, 1,3,4-oxadiazóis e anel fenil substituído foi frutuosa e a maioria dos compostos sintetizados exibiu boas actividades antioxidantes **[Figura-13]**.

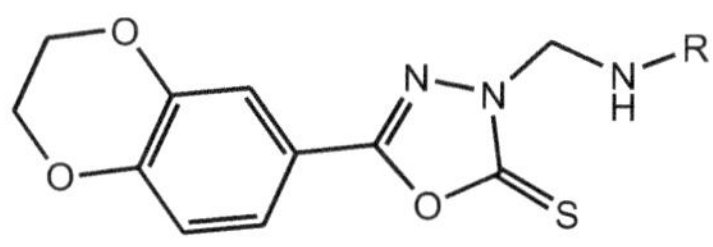

Figure-13

Chandrakantha et al. referiram que foi sintetizada uma série de novos derivados de 1,3,4-oxadiazol contendo uma porção 2-fluoro-4-metoxi, o que levou à sua caraterização por RMN, espetro de massa, estudo espetral de IV e também por análises de C, H e N. Todos os compostos recentemente sintetizados foram selecionados para estudos antibacterianos e antifúngicos. Os estudos antimicrobianos revelaram que dois compostos apresentaram uma atividade antibacteriana significativa contra *E.* coli e *P.* aeruginosa e alguns compostos apresentaram uma atividade antifúngica significativa contra *C.* albicans **[Figura-14]**.

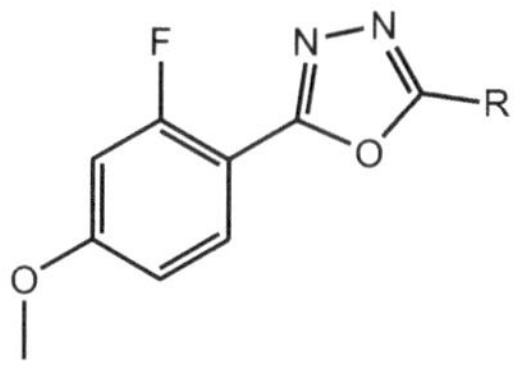

Figure-14

Harish Kumar et al. sintetizaram uma série de 1,3,4-oxadiazóis de ácido bifenil-4-iloxi acético para obter novos compostos com potencial atividade anti-inflamatória, atividade analgésica e menor potencial ulcerogénico. Todos os compostos foram avaliados quanto à sua atividade anti-inflamatória pelo método do teste do edema da pata do rato induzido por carragenina. Os compostos que possuíam uma potente atividade anti-inflamatória foram ainda testados quanto às suas actividades analgésica, ulcerogénica e antioxidante. De todos os compostos testados, alguns compostos mostraram uma redução significativa do edema da pata do rato induzido pelo tratamento com carragenina. Estes compostos mostraram um efeito analgésico significativo e, em doses orais equimolares relativamente ao flurbiprofeno, também se verificou que não eram gastrotóxicos em ratos **[Figura-15]**.

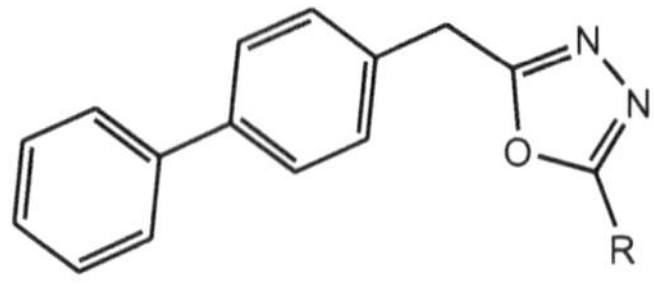

Figure-15

Ravichandram et al. relataram a síntese e o estudo QSAR de naftiridinas de 1,3,4-oxadiazóis substituídos como inibidores da integrase do VIH-1 **[Figura-16]**.

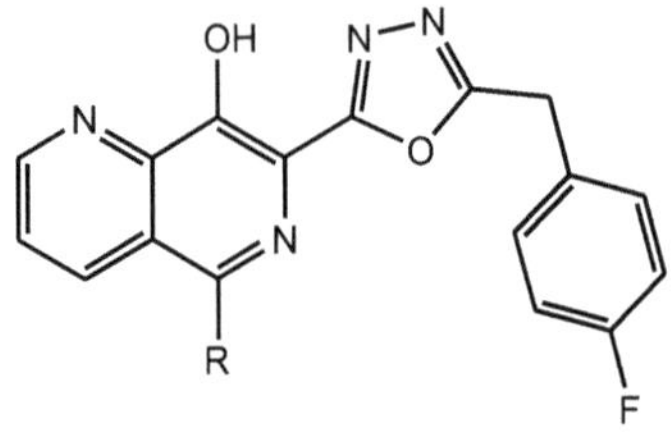

Figure-16

Samir Bondock et al. relataram a síntese de uma nova série de análogos do 1,3,4-oxadiazol e avaliaram a sua atividade anticancerígena. Os resultados do rastreio anticancerígeno revelaram que cinco compostos apresentavam graus variáveis de atividade anticancerígena contra as quatro linhas celulares utilizadas **[Figura-17]**.

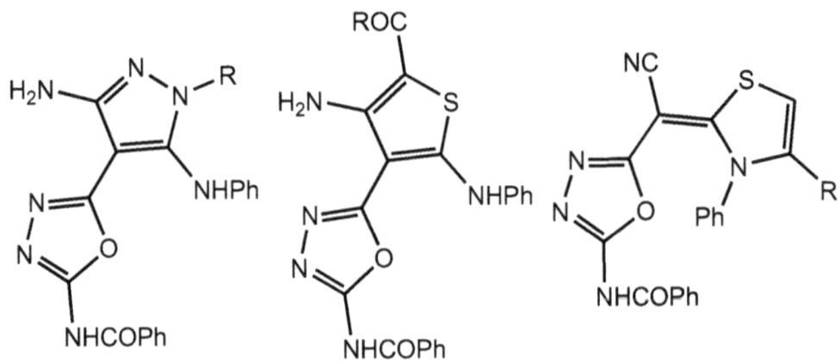

Figure-17

Keshari et al. sintetizaram uma nova série de derivados de 1,3,4-oxadiazóis e analisaram a sua atividade antibacteriana contra as estirpes bacterianas *E.* coli (MTCC 443), *S.* epidermidis (ATCC12228) e *S.* aureus (ATCC25923) pelo método de difusão em disco. Em todas as determinações, os testes foram efectuados em triplicado e os resultados foram considerados como a média de três determinações. Alguns compostos mostraram uma inibição significativa comparável ao padrão, enquanto outros mostraram uma atividade moderada **[Figura-18]**.

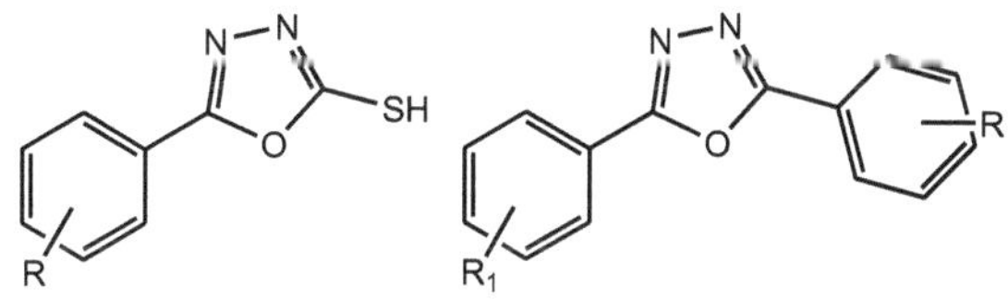

Figure-18

K. Manjunatha et al. referiram que várias bases de Mannich de oxadiazóis derivadas do ibuprofeno e do ácido 4-metiltiofenilacético foram preparadas com o objetivo de desenvolver melhores moléculas anti-inflamatórias com uma atividade ulcerogénica mínima e também para avaliar a sua potência antimicrobiana. Foi interessante notar que cinco compostos da série apresentaram uma atividade anti-inflamatória superior à do medicamento padrão, o diclofenac a 10 mg/kg p.o. Além disso, alguns compostos exibiram uma atividade anti-inflamatória equivalente à do medicamento padrão contra o teste de edema da pata induzido por carragenina em ratos **[Figura-19]**.

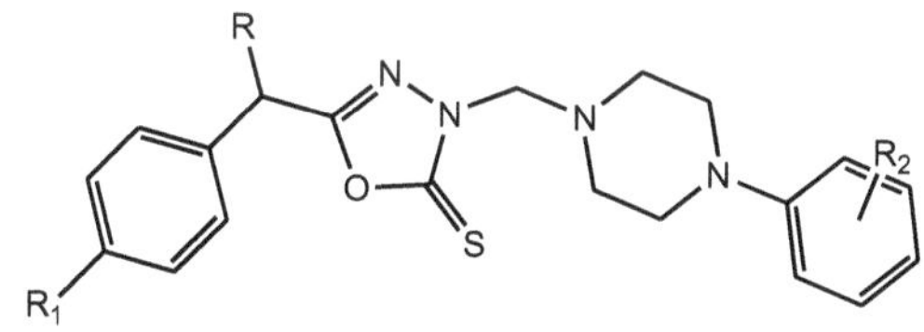

Figure-19

Ravi L. Bakal et al. comunicaram a identificação e o desenvolvimento de oxadiazóis 2,5-dissubstituídos como potenciais candidatos ao tratamento da tuberculose XDR e MDR. Foi desenvolvido um rastreio celular para identificar inibidores do crescimento micobacteriano. O rastreio foi efectuado contra o Mycobacterium bovis (M. bovis) BCG utilizando o teor de ATP intracelular como marcador substituto do crescimento bacilar. Os compostos com atividade confirmada contra M. tuberculosis foram agrupados quimicamente para identificar qualquer SAR emergente **[Figura-20]**.

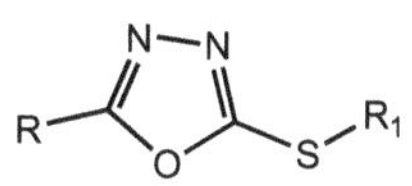

Figure-20

B. Jayashankar et al. apresentaram uma série de novos bis(heterociclos) ligados a éteres que foram sintetizados através da reação de [3+2]-cicloadição do óxido de nitrilo com álcool alílico seguida da reação de cicloadição intramolecular 1,3-diploar da imina de nitrilo com o grupo carbonilo. Todos os compostos recentemente sintetizados foram analisados quanto à sua atividade anti-inflamatória e analgésica. Entre a lista de compostos, alguns apresentaram uma excelente atividade comparável à do ibuprofeno e da aspirina em dosagens semelhantes **[Figura-21]**.

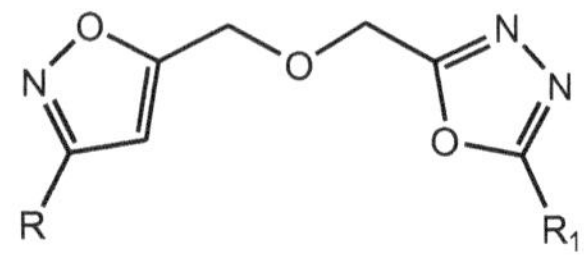

Figure-21

A.A. Kadi et al. relataram as actividades antimicrobianas e anti-inflamatórias de novos 2-substituídos-5-(1-adamantyl)-1,3,4-oxadiazoles e 2-substituídos-5-(1-adamantyl)-1,3,4-thiadiazoles. Vários derivados mostraram actividades antibacterianas boas ou moderadas, particularmente contra as bactérias Gram-positivas testadas Bacillus subtilis e atividade antifúngica marcada contra Candida albicans **[Figura-22]**.

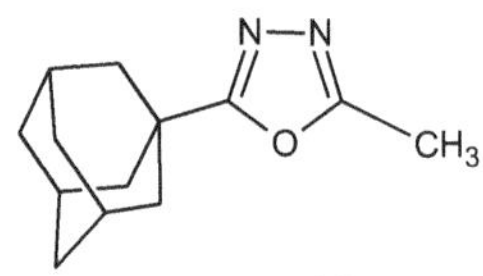

Figure-22

A.S. Aboraia, et al. relataram alguns novos derivados 5-(2-hidroxifenil)-3-substituídos-2,3-dihidro-1,3,4-oxadiazol-2-tiona promissores agentes anticancerígenos. Estes sete compostos de oxadiazóis foram selecionados para um rastreio anticancerígeno completo num painel de 60 células, onde mostraram um amplo espetro não seletivo e uma atividade promissora contra todas as linhas de células cancerígenas. Como resultado do ensaio de painel de 60 células, dois compostos de oxadiazóis foram identificados como compostos líderes promissores **[Figura-23]**.

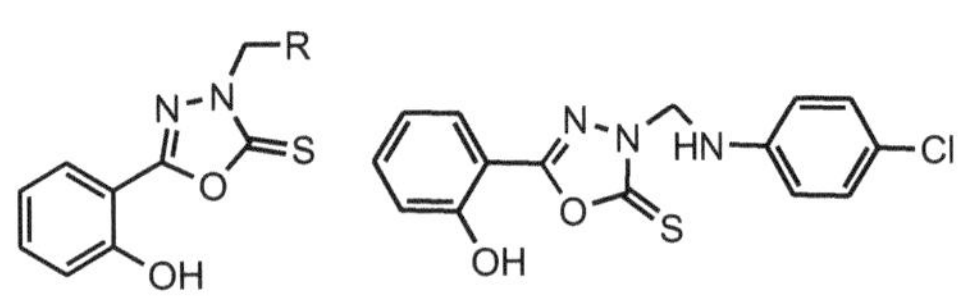

Figure-23

Harish Rajaka et al. apresentaram a síntese, a caraterização e as propriedades antimicrobianas de novos 1,3,4-oxadiazóis 2,5-dissubstituídos. Todos os compostos foram analisados quanto ao seu potencial antimicrobiano utilizando o método de difusão em disco. O composto mais ativo demonstrou atividade antimicrobiana contra todas as seis estirpes microbianas utilizadas com zona de inibição no método de difusão em disco

- 18 mm contra *S. aureus*, 15 mm contra *B. subtilis*, 16 mm contra *P. mirabilis*, 17 mm contra *P.* aeroginosa, 16 mm contra *A.* niger e 17 mm contra *C.* albican. Em geral, os compostos com grupos como nitro, hidroxi em anéis fenílicos distantes apresentaram uma elevada potência em testes de difusão em disco. A substituição destes grupos por grupos metoxi e cloro no anel fenílico distante resultou em compostos com diminuição da atividade antimicrobiana. A substituição do protão no átomo de carbono carbimino por metilo leva a um aumento da dimensão do grupo nesta posição da molécula, o que demonstrou uma variação na atividade. Verificou-se que os compostos com anel fenilo possuem uma atividade considerável em comparação com o grupo metilo. O aumento da atividade antimicrobiana com a substituição do fenilo pode dever-se ao aumento do carácter lipofílico das moléculas. Os resultados obtidos mostraram que a maioria dos compostos apresentava atividade antimicrobiana **[Figura-24]**.

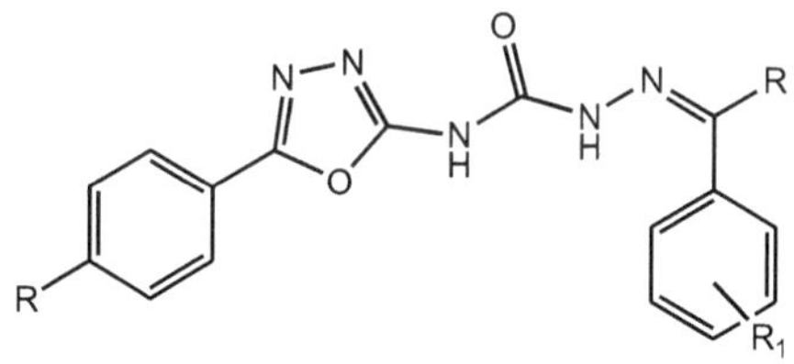

Figure-24

Pavana Teja Pudota et al referiram que uma série de novos bis-1,3,4-oxadizaoles foram sintetizados por ciclização oxidativa das respectivas bases de Schiff derivadas da dicarbohidrazida utilizando nitrato de amónio cérico (CAN) como catalisador. Os compostos sintetizados foram analisados quanto à *sua* atividade antibacteriana *in vitro* contra *Staphylococcus aureus* (MTCC 87) e *Escherichia coli* (MTCC 46) e quanto à sua atividade antifúngica contra *Candida albicans* (NCIM 3471) pelo método de diluição em tubo de duas vezes em série. Os compostos foram avaliados quanto à atividade citotóxica in vitro contra células de carcinoma do pulmão humano (A-549) pelo método de ensaio MTT padrão. Foi também efectuada a análise da clivagem do ADN de alguns compostos.

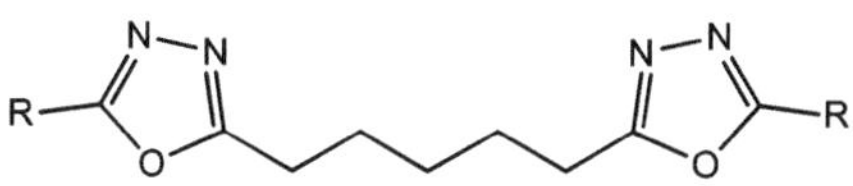

Figure-25

Rahul P Modh et al relataram que foi concebida e sintetizada uma série de novos derivados híbridos 2-(7-cloroquinolina-4-iltio)-5-(substituídos)-1,3,4-oxadiazol que contêm diferentes farmacóforos como quinolina e 1,3,4-oxadiazol ligados através de átomo de enxofre. Todas as estruturas sintetizadas finais foram submetidas a atividade antimicrobiana *in vitro* contra várias bactérias (*E.coli*, *P.aeruginosa*, *S.aureus*, *S.pyogenus*) e fungos (*C.albicans*, *A.niger*, *A.clavatus*) utilizando a técnica de diluição em caldo. Entre os compostos testados, os compostos com o grupo amina na segunda posição da porção fenil do oxadiazol são os mais potentes.

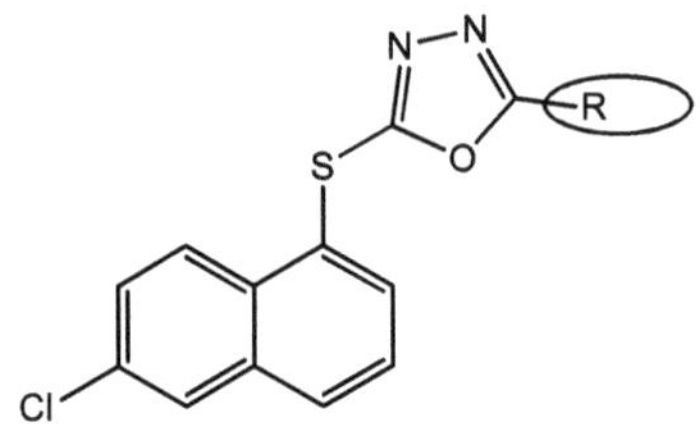

Figure-26

Chandrakantha et al. referiram que foi sintetizada uma série de novos derivados de 1,3,4-oxadiazol contendo uma porção 2-fluoro-4-metoxi, o que levou à sua caraterização por RMN, espetro de massa, estudo espetral de IV e também por análises de C, H e N. Todos os compostos recentemente sintetizados foram selecionados para estudos antibacterianos e antifúngicos. Os estudos antimicrobianos revelaram que dois compostos apresentaram uma atividade antibacteriana significativa contra *E.* coli e *P.* aeruginosa e alguns compostos apresentaram uma atividade antifúngica significativa contra *C.* albicans [**Figura-27**].

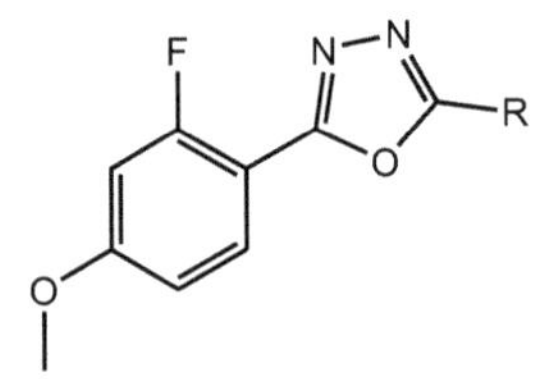

Figure-27

Harish Kumar et al. sintetizaram uma série de 1,3,4-oxadiazóis de ácido bifenil-4-iloxi acético para obter novos compostos com potencial atividade anti-inflamatória, atividade analgésica e menor potencial ulcerogénico. Todos os compostos foram avaliados quanto à sua atividade anti-inflamatória pelo método do teste do edema da pata do rato induzido por carragenina. Os compostos que possuíam uma potente atividade anti-inflamatória foram ainda testados quanto às suas actividades analgésica, ulcerogénica e antioxidante. De todos os compostos testados, alguns compostos mostraram uma redução significativa do edema da pata do rato induzido pelo tratamento com carragenina. Estes compostos mostraram um efeito analgésico significativo e, em doses orais equimolares relativamente ao flurbiprofeno, também se verificou que não eram gastrotóxicos em ratos **[Figura-28]**.

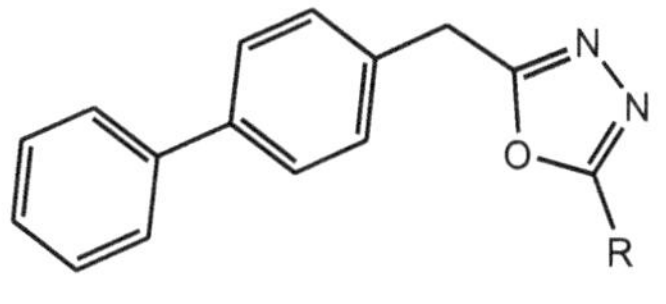

Figure-28

Gabriel Navarrete-Va'zquez et al. relataram a síntese de derivados de 4-(5-substituídos-1,3,4-oxadiazol-2-il)piridina e avaliaram a sua atividade antimicobacteriana *in vitro*. Alguns compostos mostraram uma atividade interessante contra o Mycobacterium tuberculosis H37Rv e cinco isolados clínicos (estirpes sensíveis e resistentes aos medicamentos) **[Figura-29]**.

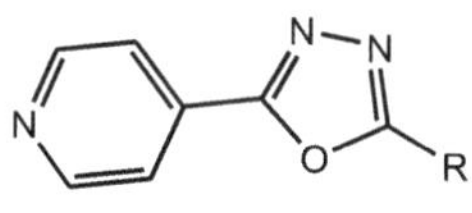

Figure-29

Yan-Ping Luo et al. relataram a descoberta de uma nova série de derivados de tetrazolinona com bons rendimentos através de um procedimento sintético em várias etapas e também avaliaram a propriedade inseticida de todos eles. Os resultados do teste in vivo em estufa indicaram que todos os compostos-alvo não apresentavam atividade herbicida, no entanto, alguns deles apresentavam uma excelente atividade inseticida *in vivo* contra Tetranychus cinnabarinus a uma concentração de 250 mgL^{-1} **[Figura-30]**.

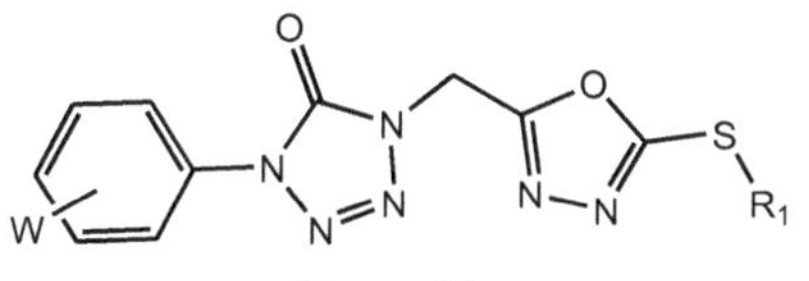

Figure-30

Foi sintetizada uma série de derivados de 1,3,4-oxadiazol-2-tiona e 1,3,4-oxadiazol-2-ona com o objetivo de avaliar a sua atividade antimicobacteriana contra uma estirpe de M. tuberculosis H37Rv sensível à isoniazida. Os resultados da avaliação in vitro da atividade antimicobacteriana dos compostos revelaram que os derivados da oxadiazolona exibem uma atividade interessante contra a estirpe testada, atingindo valores de CIM de 1,25 lg/mL. No entanto, a atividade antimicobacteriana dos derivados de 1,3,4-oxadiazol-2-

tiona é muito baixa ou ausente. Os autores também referiram que a presença da função carbonilo nos compostos activos parece ser responsável pela maior potência destes compostos em relação aos derivados de tiona correspondentes **[Figura-31]**.

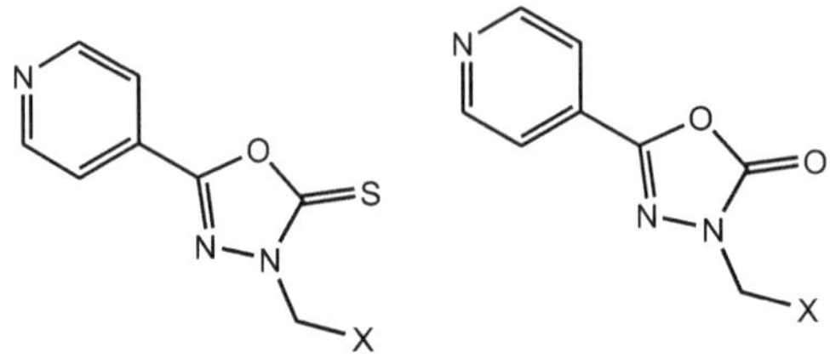

Figure-31

Marina Ishii et al. sintetizaram uma série de derivados de 3-acetil-2,5-dissubstituídos-2,3-dihidro-1,3,4-oxadiazol e analisaram a sua atividade in vitro contra Staphylococcus aureus, Trypanosoma cruzi e Candida albicans. A bioatividade foi expressa como concentração inibitória mínima (CIM) para estirpes de S. aureus e como concentração inibitória de cinquenta por cento (IC50) do crescimento da população de parasitas para T. cruzi. Foi efectuada uma abordagem de modelação molecular para estabelecer relações qualitativas entre os dados biológicos e as propriedades físico-químicas dos compostos. Neste estudo, observou-se que todos os derivados de 3-acetil-2,5-dissubstituídos-2,3-dihidro-1,3,4-oxadiazol sintetizados eram activos contra todos os microrganismos testados **[Figura-32]**.

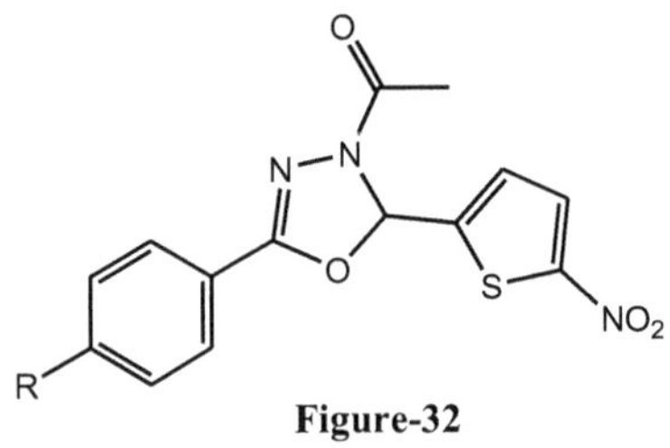

Figure-32

Ru Yan, Zhi-Ming Zhang et al. relataram que uma série de novos derivados de 1,3,4-oxadiazol foi concebida, sintetizada e avaliada quanto à sua atividade imunossupressora. A maioria destes compostos sintetizados demonstrou ter uma atividade imunossupressora potente e baixa toxicidade. Entre eles, alguns compostos mostraram uma atividade biológica potente contra células de nódulos linfáticos. Os autores também realizaram o docking molecular para posicionar o composto mais ativo no local de ligação PI3Kc, a fim de explorar o potencial alvo **[Figura-33]**.

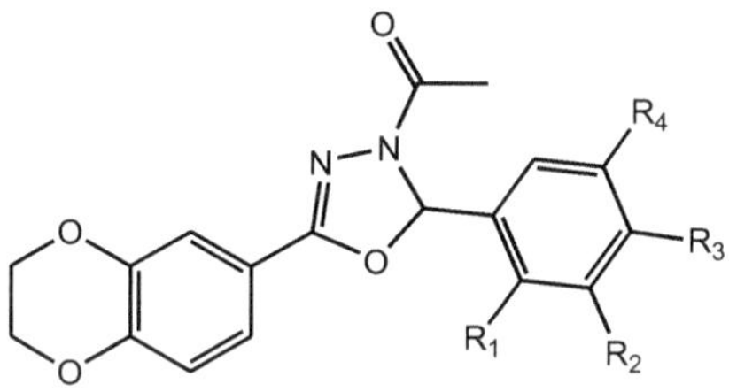

Figure-33

Fang Liu et al. sintetizaram e analisaram a atividade antifúngica de novos derivados de sulfóxido contendo 1,3,4-tiadiazol substituído por trimetoxifenilo e 1,3,4-oxadiazol. O rastreio antifúngico de todos os compostos sintetizados foi efectuado contra Gibberella zeae, Fusarium oxysporium e Cytospora mandshurica. Os resultados do bioensaio mostraram que o composto do título possui boas actividades antifúngicas **[Figura-34]**.

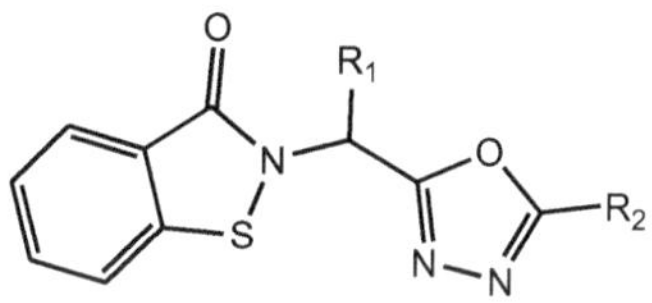

Figure-34

Jian-Feng Tang et al. sintetizaram uma série de novos derivados de 1,3,4-oxadiazol e avaliaram a sua atividade imunossupressora contra células T estimuladas por ConA. Observou-se que a maioria destes compostos sintetizados demonstraram ter uma atividade imunossupressora potente e baixa toxicidade **[Figura-35]**.

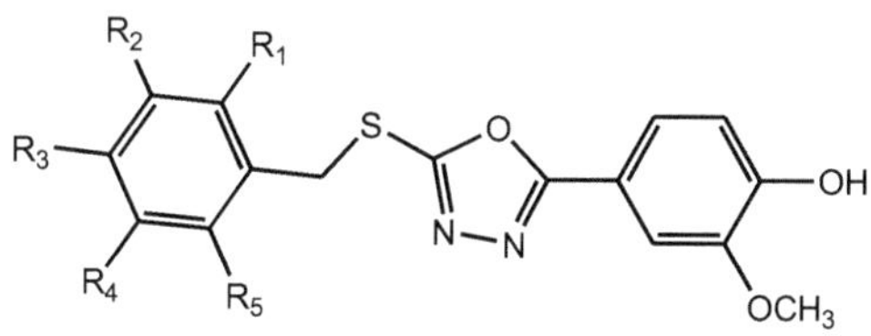

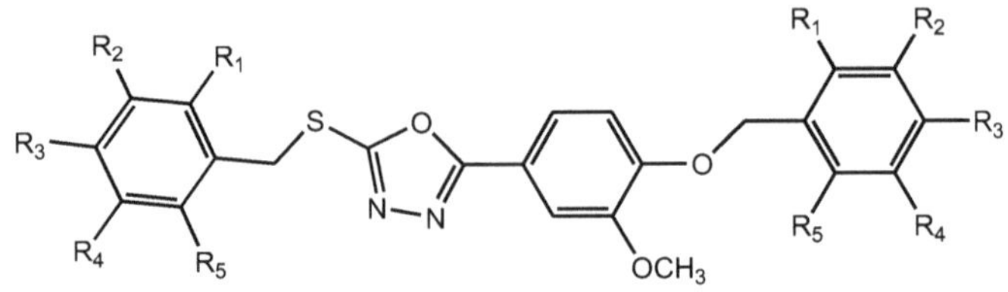

Figure-35

Pushpan et al. sintetizaram uma nova biblioteca combinatória de derivados de 1,3,4-oxadiazóis substituídos por S com uma porção de N-metil-4-(trifluorometil) fenilpirazol e testaram a atividade citotóxica in vitro através do ensaio MTT **[Figura-36]**.

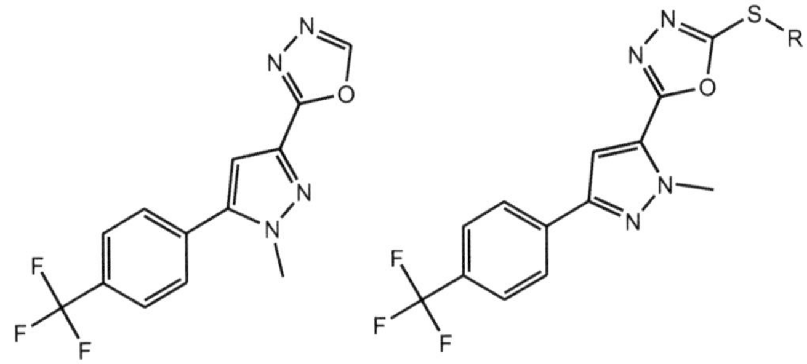

Figure-36

Priscilla Patrao et al relataram que uma nova série de derivados de 1-(substituídos)-2-({5-[(naftaleno-1/2-iloxi)metil]-1,3,4-oxadiazol-2-il}sulfanil)etanona foi sintetizada através da reação de 5-[(naftaleno-1/2-iloxi)metil]-1,3,4-oxadiazol-2-tiol com α-halocetonas apropriadas por síntese orgânica de várias etapas. Foram avaliadas as suas propriedades antioxidantes. Os resultados revelaram que alguns deles apresentaram actividades promissoras.

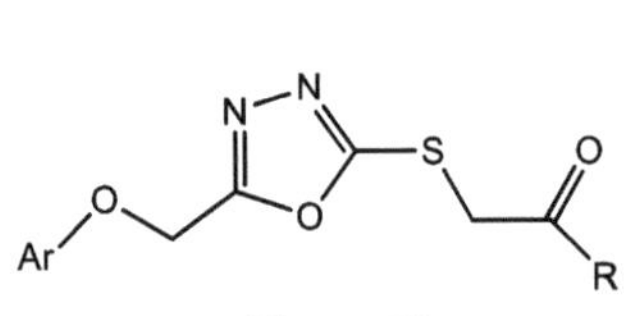

Figure-37

G. C. Ramaprasad et al relataram a síntese de derivados de 5-(50-fluoro-20-metoxibifenil-3-il)-1,3,4-oxadiazol-2(3H)-ona. Os compostos sintetizados foram caracterizados por análise elementar e espetral e testados quanto às suas actividades anti-inflamatórias, analgésicas e antimicrobianas in vivo e in vitro. Verificou-se que alguns compostos apresentavam actividades anti-inflamatórias, analgésicas, antibacterianas e antifúngicas promissoras.

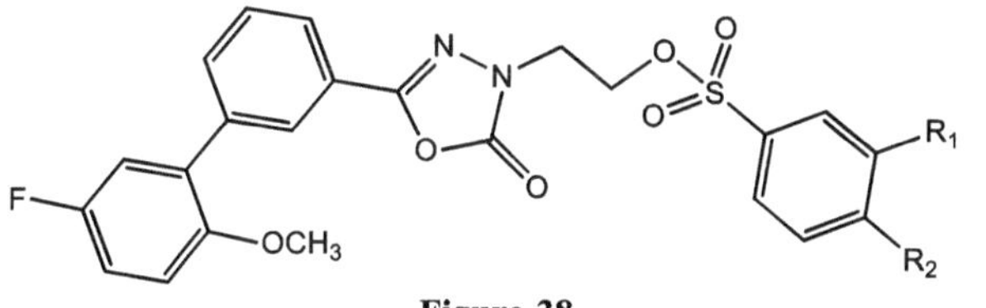

Figure-38

Rajnish et al. sintetizaram uma série de derivados de 7-[4-[4-(5-aril-1,3,4-oxadiazol-2-il)piperazinil] quinolonas utilizando uma via sintética apropriada e caracterizados por análise elementar e espetral. As actividades antibacterianas de todos os compostos sintetizados foram avaliadas contra estirpes bacterianas identificáveis. Muitos compostos da série mostraram melhor atividade do que o composto principal contra todas as estirpes selecionadas. O estudo QSAR sobre as moléculas sintetizadas para a sua atividade antibacteriana foi realizado utilizando o método de regressão linear múltipla. Os modelos gerados revelaram uma diminuição da energia HOMO como descritor favorável para determinar e prever a atividade antibacteriana dos compostos sintetizados. Além disso, os modelos desenvolvidos foram validados cruzadamente utilizando o método LOO para a sua natureza preditiva **[Figura-39]**.

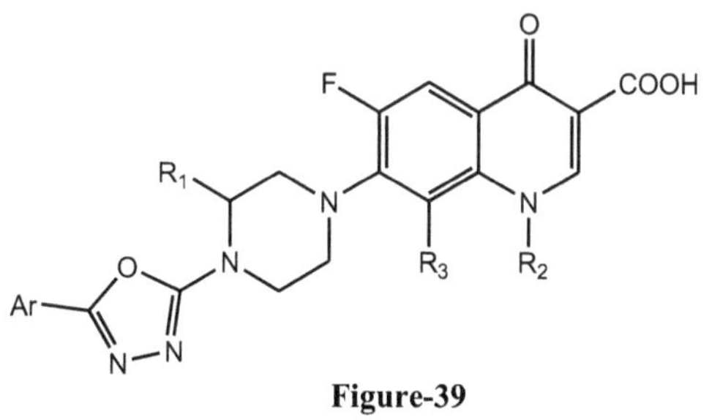

Figure-39

Kotaiah et al. comunicaram a síntese de uma nova série de fenil-5-metil-6-(5-(4-substituído fenil)-1,3,4-oxadiazol-2-il)tieno[2,3-d]pirimidina-4-amina e de derivados substituídos do ácido fenilamino-5-metiltieno[2,3-d]pirimidina-6-carboxílico. Todos estes novos compostos foram analisados quanto à sua atividade antioxidante in vitro através de ensaios de eliminação de radicais DPPH, peróxido de hidrogénio e óxido nítrico. Muitos compostos mostraram uma atividade significativa de eliminação de radicais devido à presença de substituintes doadores de electrões em ambos os lados do anel de tienopirimidina, o que aumenta a atividade e diminui a atividade dos grupos retiradores de electrões, como o nitro. *Gerard et al* relataram a síntese e a atividade canabinóide de derivados de 1-substituídos-indole-3-oxadiazóis como novos agonistas do recetor CB1 **[Figura-40]**.

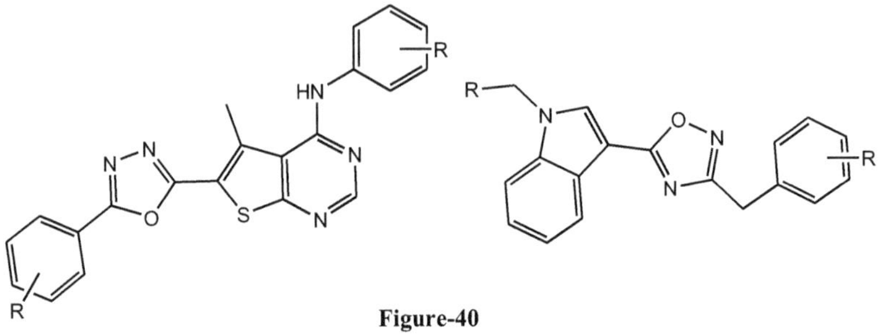

Figure-40

Ramaprasad et al. referiram que uma série de 1,3,4-oxadiazóis, nomeadamente 5-[substituídos-(1,10-bifenil)-3-il]-1,3,4-oxadiazol-2(3H)-tiões e os seus derivados S-alquil foram sintetizados com bom rendimento e analisados quanto às suas actividades antibacteriana, antifúngica e analgésica. O rastreio antibacteriano mostrou que, entre os compostos testados, o composto substituído por flúor apresentou a maior atividade contra todos os microrganismos testados. O rastreio da atividade analgésica indicou que os compostos com grupo funcional éster nos derivados S-alquilados apresentaram as actividades mais elevadas **[Figura-41]**.

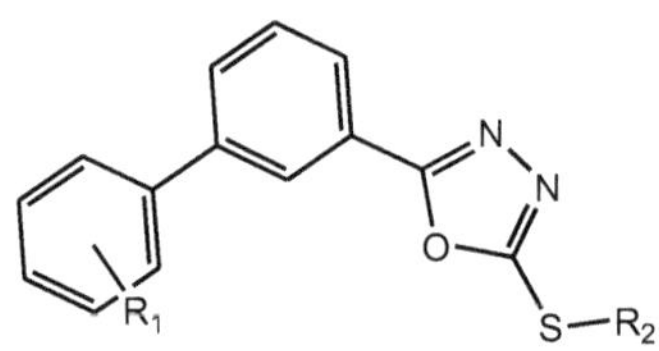

Figure-41

Vijay V. Dabholkar et al. relataram a reação de dietiladipato com hidrato de hidrazina para dar succinohidrazida que, após tratamento posterior com dissulfureto de carbono, aldeídos aromáticos e brometo de cinogénio, produziu 1,2[di-(2-Mercapto-1,3,4-oxadiazol-5il)] etano [R= SH], 1,2[di-(2-Fenil-1,3,4-oxadiazol-5il)] etano [R= fenil substituído] e 1,2[di-(2-Amino-1,3,4-oxadiazol-5il)] etano [R=NH_2], respetivamente. As estruturas dos compostos foram elucidadas com base na análise espetral **[Figura-42]**.

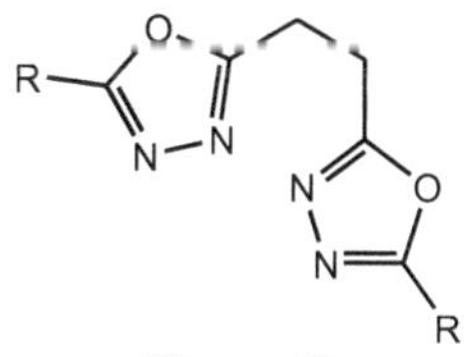

Figure-42

Rakesh Saini et al. sintetizaram (acetato de etilo 2-(1H Benzo [d] [1, 2, 3] triazole-1-il]) e (2H-benzo [d] [1, 2, 3] triazole-1-il-acetohidrazina) juntamente com os seus derivados. Todos os compostos sintetizados foram caracterizados por espetroscopia de UV, IR e[1] H-NMR. A atividade antimicrobiana dos compostos sintetizados foi avaliada em ***Sreptococcus aureus*** e ***E. coli*. [Figura-43]**.

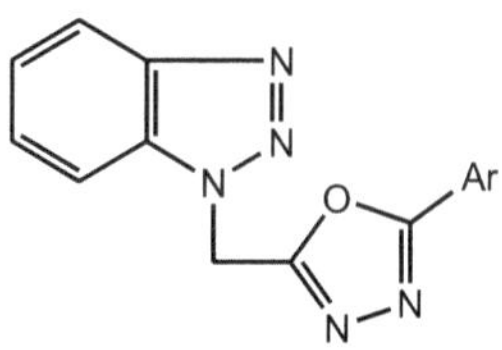

Figure-43

Rakesh Kumar et al. apresentaram uma nova classe de derivados de 2-(bifenil-4-il)-5-fenil-1,3,4-oxadiazóis. Além disso, os compostos foram analisados quanto à atividade antimicrobiana in vitro contra o painel representativo de bactérias gram positivas e gram negativas. Os vários compostos mostram uma ação inibitória potente contra o organismo de teste.

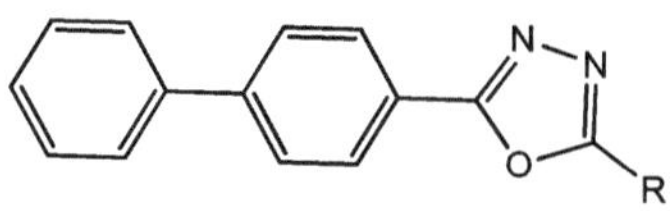

Figure-44

Fliur Macaev et al relataram que uma série de derivados de 5-aril-2-tio-1,3,4-oxadiazol foram sintetizados e analisados quanto às suas actividades anti-micobacterianas contra Mycobacterium tuberculosis H37Rv. Os compostos sintetizados parecem apresentar mais de 90% de inibição do crescimento micobacteriano a 12,5 lg/mL. Foi efectuado um estudo das relações estrutura-atividade para a série em questão, utilizando o método electrontopológico combinado com redes neurais (ETM-NN). Foi desenvolvido um sistema de previsão da atividade antimicobacteriana resultante do treino de uma rede neural associativa (ASNN) com pesos calculados a partir das projecções de um composto e de cada fragmento farmacofórico encontrado nos elementos dos mapas auto-organizados (SOM) de Kohonen. A partir da análise detalhada de todos os compostos em estudo, foram formulados os requisitos necessários para que um composto possua atividade antituberculose. A análise mostrou que a violação de qualquer requisito para uma molécula implica uma diminuição considerável ou mesmo a perda total da sua atividade. Os estudos de docking molecular dos compostos permitiram esclarecer o modo de ligação destes novos inibidores anti-micobacterianos.

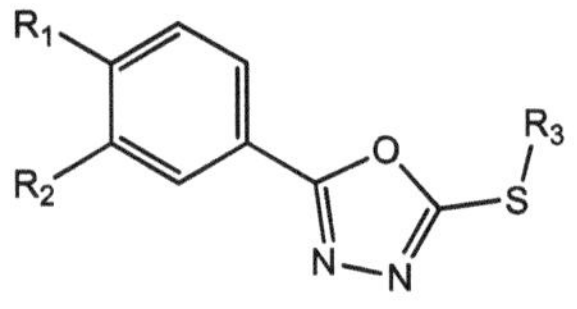

Figure-45

3.**CONCLUSÃO:** O potencial farmacológico do núcleo 1,3,4-oxadiazol é esclarecido a partir da literatura e de fármacos utilizados clinicamente. A literatura revelou que o 1,3,4-oxadiazol possui diversas potencialidades biológicas, rotas sintéticas fáceis para a síntese e chamou a atenção dos investigadores. Embora se possa concluir que os antimicrobianos, os antifúngicos, os anti-inflamatórios e os anticancerígenos são as quatro principais áreas de utilização clínica em que foram envidados muitos esforços, alguns outros alvos potenciais também apresentaram bons resultados, como os inibidores de enzimas e os antivirais, mas estes ainda estão por explorar. A partir destas observações, destaca-se a importância do núcleo.

4. **Referências:**

1. Campbell MM: Comprehensive Organic Chemistry. Ed. por Sammes PG Pergamon press, 1979; 4:1020-1035.
2. Boström J, Hogner A, Llinàs A, Wellner E e Plowright A T: Oxadiazoles in medicinal chemistry. Journal of Medicinal Chemistry 2012; 55:1817.
3. Shivi B e Gupta M: 1, 3, 4-Oxadiazóis como agentes antimicrobianos: An overview. Jornal de química e investigação farmacêutica 2011; 3(3):137-147.
4. Ahmed M O, Mahmud A, Hasan T e Mahmoud T: Síntese, atividade antibacteriana, antifúngica e genotóxica de derivados do bis-1,3,4-oxadiazol. Polish Journal of Pharmacology 2002; 54:55-59.
5. Rakesh C, Anshu A, Manoj K P, Prabodh C S, Sukumar M e Thengungal K R: Síntese de novos derivados de 1,3,4-oxadiazol como potenciais agentes antimicrobianos. Ata Poloniae Pharmaceutica-Drug Research 2010; 3 (67):247-253.

6. Farshori N N, Banday M R, Ahmad A, Khan A U e Rauf A: Synthesis, characterization, and in vitro antimicrobial activities of 5-alkenyl/hydroxyalkenyl-2-phenylamine-1,3,4-oxadiazoles and thiadiazoles. Bioorganic & Medicinal Chemistry Letter 2010; 20:1933-1938.
7. Bhardwaj N, Saraf P, Sharma S K e Kumar P: Síntese, avaliação e caraterização de 1,3,4-oxadiazoles como agentes antimicrobianos. E-Journal of Chemistry 2009; 6 (4):1133-38.
8. Yar M S, Siddiqui A A, Ali M A, Murugan V e Chandrashekhar R: Síntese e atividade citotóxica de novos derivados de pirazolina contra a linha de células tumorais do pulmão humano (A549). Jornal da Sociedade Chinesa de Química 2007; 54:81-6.
9. Yathirajan HS, Anil Mayekar N, Narayana B, Sarojini BK e Suchetha Kumari: N. Síntese e Estudos Antimicrobianos sobre Novos Derivados Substituídos de 1,3,4-Oxadiazol com 6- Bromonaftaleno. Jornal Internacional de Química 2010; 2(1):38-54.
10. Parkash O, Kumar M, Sharma C e Aneja KR: Síntese mediada por iodo hipervalente (III) de novos 1,3,4-oxadiazóis assimétricos 2,5-dissubstituídos como agentes antibacterianos e antifúngicos. European Journal of Medicinal Chemistry 2010; 45(9):4252-4257.
11. Mishra M K, Gupta AK, Negi S e Bhatt Meenakshi: Síntese de 6-Metil-4-aril-5-(5-fenil-1,3,4-oxadiazol-2-il)-1,2,3,4-tetrahidropirimidina-2(1H)-ona. Jornal Internacional de Ciências Farmacêuticas e Investigação 2010; 1(3):172-177.
12. Li Y, Liu J, Zhang H, Yanga X e Z Liu: Síntese estereosselectiva e actividades fungicidas de derivados de (E)-a-(metoxiimino)-benzenoacetato contendo o anel 1,3,4-oxadiazol. Bioorganic & Medicinal Chemistry Letter 2006; 16:2278-2282.
13. Chen CJ, Song BA, Yang S, Xu GF, Bhadury PS, Jin LH, Hu DY, Li QZ, Liu F, Xue W e Lu P Chen Z: Síntese e actividades antifúngicas de derivados de 5-(3,4,5-trimetoxifenil)-2-sulfonil-1,3,4-tiadiazol e 5-(3,4,5-trimetoxifenil)-2-sulfonil-1,3,4-oxadiazol. Bioorganic & Medicinal Chemistry 2007; 15:3981-3989.
14. Islam M, Siddiqui A, Rajesh R, Bakht A e Goyal Sl: Syntheis and antimicrobial activity of some novel oxadiazole derivatives. Ata poloniae pharmaceutica-Drug research 2006; 65(4):441-447.
15. Liu F, Luo X, Song B, Bhadury PS, Yang S, Jin L, Xue W e Hu D: Síntese e atividade antifúngica de novos derivados de sulfóxido contendo trimetoxifenilo substituído por 1,3,4-tiadiazol e 1,3,4-oxadiazol. Bioorganic & Medicinal Chemistry 2008; 16:3632-3640.
16. Karthikeyan MS, Parsad DJ, Mahalinga M, Holla BS e Kumari NS. síntese de 2,4-dicloro-5-flourofenil contendo Oxadiazoles. Jornal Europeu de Química Medicinal 2008; 43:25-31.
17. Rai NP, Narayanaswamy VK, Shashikanth S, Arunachalam PN. Síntese, caraterização e atividade antibacteriana de 2-[1-(5-cloro-2-metoxi -fenil)-5-metil-1H-pirazol-4 -il]-5-(substituída-fenil)-[1,3,4]oxadiazóis. Jornal Europeu de Química Medicinal 2009; 44: 4522-4527.
18. Hussain A e Ajmal M: Síntese de novos derivados de 1,3,4-oxadiazol e suas propriedades biológicas, Ata Pharm 2009; 59:223-233.

19. Kucukguzel S G, Oruc E E e Rollas S: Characterisation and biological activity of novel 4-thiazolidinones, 1,3,4-oxadiazoles and some related compounds. European Journal of Medicinal Chemistry 2002; 37(3):197.
20. Ates O, Kocabalkanli A, Cesur N e Otuk G: Síntese e atividade antimicrobiana de alguns 5-aril-2-[(N,N-disubstituído tiocarbamoiltio)acilamino]-1,3,4-oxadiazóis. Farmaco II 1998; 53(8):541.
21. Jakubkiene V, Burbuliene MM e Mekuskiene G: Síntese e atividade anti-inflamatória de 5-(6-metil-2-substituído 4-pirimidiniloximetil)-1,3,4-oxadiazol-2-tiões e seus derivados 3-morfolinometil. Farmaco II2003; 58(4):323.
22. Amir M e Shikha K: Síntese e actividades anti-inflamatórias, analgésicas, ulcerogénicas e de peroxidação lipídica de alguns novos derivados do ácido 2-[(2,6-dicloroanilino) fenil]acético. European Journal of Medicinal Chemistry 2004; 39(6):535.
23. Summa V, Petrocchi A e Bonelli F: Descoberta do raltegravir, um inibidor da integrase do VIH potente, seletivo e biodisponível por via oral para o tratamento da infeção pelo VIH-SIDA. Journal of Medicinal Chemistry 2008; 51:5843-5855.
24. Namita J P S, Barthwal A K, Saxena K P e Bhargava S S: Propriedades inibidoras da monoamina oxidase e da succinato desidrogenase de 1,3,4-oxadiazóis-2-tiões substituídos. Journal of Heterocyclic Chemistry 2009; 19:29.
25. Guimarães C R W, Boger D L e Jorgensen W L: Elucidação da Inibição da Amida Hidrolase de Ácidos Gordos por Potentes Derivados de β-Cetoheterociclo a partir de Simulações de Monte Carlo. Journal of American Chemical Society 2005; 127:17377-17384.
26. Savarino A: Um esboço histórico da descoberta e desenvolvimento dos inibidores da integrase do VIH-1. Opinião de peritos sobre medicamentos experimentais 2006; 15:1507-1522.
27. James N D e Growcott W J: Zibotentan, Drugs of Future 2009; 34:624.
28. Ming-Zhi Z, Nick M, David B, Dianne I, Yu-Cheng G, Qiong C, Guang-Fu Y e John C: Síntese e atividade antifúngica de 3-(1,3,4-oxadiazol-5-il)-indoles e 3-(1,3,4-oxadiazol-5-il)metil-indoles. Jornal Europeu de Química Medicinal **2013**; 63:22-32.
29. Shyma P C, Balakrishna K, Peethambar S K, Sandeep T e T. Arulmoli: Síntese, caraterização e estudos de ancoragem molecular de algumas novas 1,3,4-oxadiazolinas com a porção 6-metilpiridina para propriedade antimicrobiana. Jornal Europeu de Química Medicinal 2013; 68:394-404.
30. Mohamed M El S, Seham Y H, Huda E. A e Galila A. Y: Síntese e Bioensaio de uma Nova Classe de Derivados de Furanil-1,3,4-Oxadiazol. Molecules 2013; 18:8550-8562.
31. Huiguo L, Dengfeng D, Sridhar A, Tadahisa T, Gerald H L, Tom M M, Kevin R A, David M E, Radhakrishnan P e William C G: Conceção, síntese e caraterização de novos derivados híbridos de 1,2-benzoisotiazol-3(2H)-ona e 1,3,4-oxadiazol: Potentes inibidores das proteases NS2B/NS3 dos vírus da Dengue e do Nilo Ocidental. Bioorganic & Medicinal Chemistry 2013; 21:102-113.
32. Desai N C, Bhatt N, Hardik S, Amit T: Síntese, actividades antimicrobianas e citotóxicas de alguns novos 1,3,4-oxadiazóis com clubes de tiazóis. Jornal Europeu de Química Medicinal 2013; 67:54-59.

33. Kikkeri P H, Kikkeri N M, Lingappa M e Basavapatna N P K. Síntese de novos derivados 1-[5-(4-metoxifenil)-[1,3,4]oxadiazol-2-il]-piperazina e avaliação da sua atividade anticonvulsivante in vivo. Jornal Europeu de Química Medicinal 2013; 65:276-283.
34. Juan S, Hui Z, Zhong-Ming Y e Hai-Liang Z: Síntese, modelação molecular e avaliação biológica de derivados de quinolona 2-aminometil-5-(quinolin-2-il)-1,3,4-oxadiazol-2(3H)-tião como novo agente anticancerígeno. Jornal Europeu de Química Medicinal 2013; 60:23-28.
35. Rajesh A. R, Pavankumar B, Sheetal D B e Preeti K K: Síntese e avaliação de novos derivados de 1,3,4-oxadiazóis à base de 4-nitropirrol como agentes antimicrobianos e anti-tuberculosos. Jornal Europeu de Química Medicinal 2013; 70:49-58.
36. Fanny P-B, Salomão D J, Kerly F M P, Adilson K F, Durvanei A M, Rodrigo R Z, Leandro D S B, José Â L L e Leoberto C T: Derivados de 5-Nitro-2-furfuriliden como potenciais agentes anti-Trypanosoma cruzi: Design, síntese, avaliação da bioatividade, citotoxicidade e análise exploratória de dados. Bioorganic & Medicinal Chemistry 2013; 21:5395-5406.
37. Shuai Z, Yin L, Liang-Qiang H, Zhi-Jun L, Ai-Qin J, Yong-Hua Y, Hai-Liang Z: Síntese, avaliação biológica e estudos de ancoragem molecular de novos derivados de 1,3,4-oxadiazol com uma porção de benzotriazol como inibidores de FAK com atividade anticancerígena. Bioorganic & Medicinal Chemistry 2013; 21:3723-3729
38. Qian-Ru D, Dong-Dong L, Ya-Zhou P, Jing-Ran L, Jian S, Fei F, Wei-Qing Z, Hai-Bin G e Hai-Liang Z: Novos derivados de tioéter de 1,3,4-oxadiazol visando a timidilato sintase como agentes anticancerígenos / antimicrobianos duplos. Bioorganic & Medicinal Chemistry 2013; 21:2286-2297
39. Liang M, Yu X, Cong L, Zheng-Lu X, Dong-Dong L, Yan-Ting W, Hai-Tian M, Hai-Liang Z, Ming-Hua W, Yong-Hao Y: Síntese e atividade antioxidante da nova base de Mannich de derivados de 1,3,4-oxadiazol com 1,4-benzodioxano Bioorganic & Medicinal Chemistry 2013; 21:6763-6770.
40. Chandrakantha B, Shetty P, Nambiyar V, Isloor N e Isloor A M: Síntese, caraterização e atividade biológica de alguns novos 1,3,4-oxadiazóis com 2-flouro-4-metoxi fenilo. Jornal Europeu de Química Medicinal 2010; 45:1206-1210.
41. Kumar H, Sadique A J, Khan S A e Amir M: 1,3,4 Oxadiazol/tiadiazol e 1,2,4-triazol derivados do ácido bifenil-4-iloxiacético: Síntese e avaliação preliminar das propriedades biológicas. Jornal Europeu de Química Medicinal 2008; 43:2688-2698.
42. Ravichandran V, Shalini S, Sundram K e Sokkalingam A D: QSAR study of substituted 1,3,4-oxadiazole naphthyridines as HIV-1 integrase inhibitors European Journal of Medicinal Chemistry 2010; 45:2791-2797.
43. Bondock S, Adel S, Hassan A E e Farid A B: Síntese e avaliação antitumoral de alguns novos heterociclos baseados em 1,3,4-oxadiazóis. Jornal Europeu de Química Medicinal 2012 48:192-199.
44. Keshari K J, Abdul S, Kumar Y, Shaharyar M, Khosa R L, Jain J, Kumar V, Singh P: Conceção, síntese e avaliação biológica de derivados de 1,3,4-oxadiazóis. Jornal Europeu de Química Medicinal 45 (2010) 4963-4967.
45. Manjunatha K, Poojary B, Lobo P L, Fernandes J, Kumari N S: Síntese e avaliação biológica de alguns derivados de 1,3,4-oxadiazóis. Jornal Europeu de Química Medicinal 2010; 45:5225-5233.

46. Bakal R L e Gattani S G: Identificação e desenvolvimento de oxadiazóis 2,5-dissubstituídos como potenciais candidatos ao tratamento da tuberculose XDR e MDR. Jornal Europeu de Química Medicinal 2012; 47:278-282.
47. Jayashankar B, Lokanath R K M, Baskaran N e Sathish H S: Síntese e avaliação farmacológica de derivados bis(heterociclo) de 1,3,4-oxadiazóis como agentes anti-inflamatórios e analgésicos. Jornal Europeu de Química Medicinal 2009; 44:3898-3902.
48. Kadi A A, El-Brollosy N R, Al-Deep A, Habib E E, Ibrahim T M e El-Emam A A: Síntese, actividades antimicrobianas e anti-inflamatórias de novos derivados de 5-(1-adamantyl)-1,3,4-thiadiazole. Jornal Europeu de Química Medicinal 2007; 42:235.
49. Aboraia A S, Abdel-Rahman HM, Mahfouz N M e EL-Gendy M A: Novos derivados 5-(2-hidroxifenil)-3-substituídos-2,3-dihidro-1,3,4-oxadiazol-2-tiona: agentes anticancerígenos promissores. Bioorganic & Medicinal Chemistry 2006; 14:1236.
50. Harish R, Bhupendra S. T, Poonam P, Pramod K, Arun K G, Navneet A e Ravichandran V: Síntese e propriedades antimicrobianas de novos 1,3,4-oxadiazóis 2,5-dissubstituídos. Der Chemica Sinica, 2011; 2 (4):115-122.
51. Pudota P T, Purohit R S M e Pujar G V: Síntese, actividades antimicrobianas e citotóxicas in vitro de alguns novos bis- 1, 3, 4-oxadiazóis. Jornal de Pesquisa Química Aplicada, 7, 1, 7-18 (2013).
52. Modh R P, Shah D e Chikhalia K H:, 2-(Quinolin-4-ylthio)-1,3,4-oxadiazole derivatives: Conceção, síntese, estudos antibacterianos e antifúngicos. Jornal Indiano de Química 2013; 52:1318-1324.
53. Ramaprasad G C, Kalluraya B, Kumar B S e Hunnur R K: Síntese e propriedades biológicas de alguns novos 1,3,4-oxadiazóis. Jornal Europeu de Química Medicinal 2010; 45:4587-4593.
54. Navarrete-Va'zquez G, Molina-Salinas G M, Duarte-Fajardo Z V, Vargas-Villarreal J, Estrada-Soto S, Gonza'lez-Salazar F, Herna'ndez-Nu'n˜eza E e Said-Ferna'ndezb S: Síntese e atividade antimicobacteriana de 4-(5-substituídas-1,3,4-oxadiazol-2-il)piridinas. Bioorganic & Medicinal Chemistry 2007; 15:5502-5508.
55. Yan-Ping L e Guang-Fu Y: Descoberta de um novo inseticida através da otimização de uma estrutura diversificada: Derivados de tetrazolinona. Bioorganic & Medicinal Chemistry 15 (2007) 1716-1724.
56. Maria G M, Daniele Z, Luciano V, Maurizio F, Marco F, Sabrina P, Giuditta S e Elena Banfi: Atividade antimicobacteriana de novos derivados 3-substituídos 5-(piridin-4-il)-3H-1,3,4-oxadiazol-2-ona e 2-tiona. Investigações preliminares de modelação molecular. Bioorganic & Medicinal Chemistry 2005; 13:3797-3809.
57. Marina I, Salomão Dória J, Alex A D O, Fanny P-B, Ieda Y S, Kerly F M P, Leoberto C T: Síntese, modelagem molecular e avaliação biológica preliminar de um conjunto de 3-acetil-2,5-dissubstituídos-2,3-dihidro-1,3,4-oxadiazóis como potenciais agentes antibacterianos, anti-Trypanosoma cruzi e antifúngicos. Bioorganic & Medicinal Chemistry 19 (2011) 6292-6301.
58. Ru Yan, Zhi-Ming Zhang, Xian-Ying Fang, Yang Hu, Hai-Liang Zhu, Síntese, docagem molecular e avaliação biológica de derivados de 1,3,4-oxadiazol como potenciais agentes imunossupressores. Bioorganic & Medicinal Chemistry 20 (2012) 1373-1379.
59. Fang Liu, Xiao-Qiong Luo, Bao-An Song, Pinaki S. Bhadury, Song Yang, Lin-Hong Jin, Wei Xue e De-Yu Hu, Síntese e atividade antifúngica de novos

derivados de sulfóxido contendo 1,3,4-tiadiazol substituído por trimetoxifenilo e 1,3,4-oxadiazol. Bioorganic & Medicinal Chemistry 16 (2008) 3632-3640.

60. Jian-Feng Tang, Xian-Hai Lv, Xiao-Liang Wang, Jian Sun, Yan-Bin Zhang, Yu-Shun Yang, Hai-Bin Gong, Hai-Liang Zhu, Conceção, síntese, avaliação biológica e modelação molecular de novos derivados de 1,3,4-oxadiazol baseados no ácido vanílico como potenciais agentes imunossupressores. Bioorganic & Medicinal Chemistry 20 (2012) 4226-4236
61. Pushpan P, Boja P, Chandrashekhar C, Sunil K. B.. Conceção, síntese e avaliação biológica de uma nova série de 1,3,4-oxadiazóis com N-metil-4-(trifluorometil)fenil pirazol como agentes citotóxicos. Jornal Europeu de Química Medicinal, 2012; 53, 203-210.
62. Priscilla Patrao, A. M. A. Khader, Balakrishna Kalluraya, Vinayachandra, Der Pharma Chemica, Síntese de novos derivados de 1,3,4-oxadiazol substituídos por 5-naftil e sua atividade antioxidante, 2013, 5(2):24-32.
63. G. C. Ramaprasad - Balakrishna Kalluraya, B. Sunil Kumar, Sahana Mallya, Síntese de novos derivados de oxadiazol como agentes anti-inflamatórios, analgésicos e antimicrobianos. Med Chem Res (2013) 22:5381-5389.
64. Mallikarjuna B.P., Sastry B.S., Suresh G.V. K., Rajendraprasad Y., Chandrashekar S.M., Sathisha K. Síntese de novos análogos da hidrazida de 4-isopropiltiazol e alguns sistemas derivados de anéis de triazol e oxadiazol - uma nova classe de potenciais agentes antibacterianos, antifúngicos e antituberculosos. Jornal Europeu de Química Medicinal, 2009; 44, 4739-4746.
65. Rajnish K., Ashwani K., Sandip J., Darpan K., Síntese, avaliação antibacteriana e estudos QSAR de derivados de quinolona 7-[4-(5-aril-1,3,4-oxadiazol-2-il)piperazinil]. Jornal Europeu de Química Medicinal, 2011; 46, 3543-3550.
66. Kotaiah Y., Harikrishna N., Nagaraju K., Venkata C. R. Síntese e atividade antioxidante de derivados de tieno[2,3-d]pirimidina marcados com 1,3,4-oxadiazol. Jornal Europeu de Química Medicinal, 2012; 58, 340-345.
67. Gerard P. Moloney, James A. Angus, Alan D. Robertson, Martin J. Stoermer, Michael Robinson, Christine E. Wright, Ken McRae, Arthur Christopoulos. Síntese e atividade canabinóide de derivados de 1-substituídos-indole-3-oxadiazóis: Novos agonistas do recetor CB1. Jornal Europeu de Química Medicinal 43 (2008) 513-539.
68. G.C. Ramaprasad, Balakrishna Kalluraya, B. Sunil Kumar, Ravindra K. Hunnur, Síntese e propriedades biológicas de alguns novos 1,3,4-oxadiazóis. Jornal Europeu de Química Medicinal 45 (2010) 4587-4593.
69. Vijay V. Dabholkar e Nitin V. Bhusari, Síntese de Derivados de 2-Substituídos-1,3,4-Oxadiazol, Revista Internacional de Investigação Química, Ambiental e Farmacêutica, (2011) Vol.2, No.1, 1-4.
70. Rakesh Saini, Awani K Rai, Kesari AN e Shahar Yar M, Síntese e avaliação biológica de 2, 5 di-substituídos 1, 3, 4 oxadiazoles, Asian J. Research Chem. 2009 2(1), 34-36.
71. Rakesh Kumar, M. Shahar Yar, A. K. Rail, Saurabh Chaturvedi, Síntese e avaliação biológica de alguns novos 1,3,4-oxadiazóis derivados do ácido bi-fenil 4-carboxílico Der Pharmacia Lettre, 2013, 5 (1):366-370
72. Fliur Macaev, Zinaida Ribkovskaia, Serghei Pogrebnoi, Veaceslav Boldescu, Ghenadie Rusu, Nathaly Shvets, Anatholy Dimoglo, Athina Geronikaki, Robert Reynolds, O estudo das relações de atividade estrutura-antituberculose

numa série de derivados de 5-aril-2-tio-1,3,4-oxadiazol. Bioorganic & Medicinal Chemistry 19 (2011) 6792-6807.

Capítulo 3
Síntese, caraterização e avaliação antimicrobiana de alguns derivados de 1, 2-oxazol computacionalmente bioactivos

1. Introdução:

Atualmente, o desenvolvimento de resistência por parte das bactérias aos antibióticos atualmente disponíveis é considerado uma ameaça a nível mundial no tratamento de infecções microbianas. É sempre necessário encontrar melhores agentes antimicrobianos [1]. O núcleo de oxazol, um núcleo cíclico com um oxigénio e um azoto como componentes da sua estrutura, tem sido estudado em todo o mundo devido aos seus potenciais efeitos terapêuticos versáteis [2], tais como anti-tuberculose [3-4], antifúngicos [5], agentes anti-HCV [6], antimicrobianos [7-11], antiproliferativos [12-13], antitumorais [14-15], anti-hiperglicémicos ou antidiabéticos [16-18], anticancerígenos [19-20], antivirais [21,], anti-inflamatórios [22]. Alguns dos antibióticos atualmente disponíveis, como a Cloxacilina, a Dicloxacilina e a Flucloxacilina, têm um núcleo de oxazol [23]. Os componentes que possuem o grupo sulfonamida têm sido amplamente estudados devido às suas actividades biológicas versáteis, tais como inibidores da anidrase carbónica, anticonvulsivos, antimicrobianos, antidiabéticos, inibidores da aromatase, anticancerígenos, anticancerígenos e radiossensibilizantes, atividade antiplasmódica, agonista do recetor de oxitocina, antimalária, inibidores da cicloxigenase-2, atividade antiproliferativa [24-43]. Tendo em conta o potencial biológico de todas estas moléculas funcionais na estrutura dos compostos visados, levámos a sintetizar algumas moléculas contendo oxazol que são computacionalmente bioactivas e, em seguida, testámo-las para o rastreio antimicrobiano.

2. Materiais e métodos

2.1.Rastreio computacional

As estruturas dos compostos concebidos foram desenhadas pelo Chem Draw Ultra 8.0 e os ficheiros smile foram preparados. O software pode ser acedido em (www.molinspiration.com) para calcular a pontuação do nível físico-químico e de bioatividade; o procedimento completo e o pormenor das propriedades calculadas são referidos na literatura [44-52].

2.2.Química

2.2.1. Procedimento geral para a síntese da 4-[4-(4-metoxifenil)-1,2-oxazol-3-il]benzenossulfonamida [1-6]

Uma mistura de chalconas previamente preparadas [44] e cloridrato de hidroxilamina em quantidade equi-molar foi adicionada a acetato de sódio (25 ml) num balão de fundo redondo e refluxada durante 8 horas. A mistura foi então vertida em água (arrefecida com gelo) com agitação por uma vareta de vidro para obter o produto correspondente.

4-[4-(4-methoxyphenyl)-1,2-oxazol-3-yl]benzenesulfonamide [1]

Rendimento: 94 %; M.p. 132-134° C; Anal. calc para C H N_{161424} S O: C 58,17 %, H 4,27 %, N 8,48 %;

FT-IR (cm^{-1}): 1044 (SO_2 -Sym), 1565 (SO_2 -Asym), 1588 (C=C), 1611 (C=N), 2966 (CH-Ar), 3280 (NH_2);^{1} H NMR ($CDCl_3$) (ppm): 3.714 (s, 3H, OCH_3), 7.045 -7.112 (d, 2H, CH-Ar), 7.312-7.363 (d, 2H, CH-Ar), 7.572 (s, 2H, -SO NH_{22}), 7.656-7.713 (d, 2H, CH-Ar), 7.790-7.837 (d, 2H, CH-Ar), 8.163 (s, 1H, =C=CH, núcleo de oxazol); m/z: 331.07.

4-[4-(3, 4-dimethoxyphenyl)-1,2-oxazol-3-yl]benzenesulfonamide [2]

Rendimento: 88 %; M.p. 135-137° C; Anal. calc para C H N_{171625} S O: C 56,66 %, H 4,47 %, N 7,77 %;

FT-IR (cm^{-1}): 1049 (SO_2 -Sym), 1562 (SO_2 -Asym), 1592 (C=C), 1610 (C=N), 2973 (CH-Ar), 3314 (NH_2);^{1} H NMR ($CDCl_3$) (ppm): 3.732 (s, 3H, OCH_3), 3.818 (s, 3H, OCH_3), 7.144-7.192 (d, 2H, CH-Ar), 7.279 (s, 1H, CH-Ar), 7.510 (s, 2H, -SO NH_{22}), 7.713-7.770 (d, 2H, CH-Ar), 7.822-7.881 (d, 2H, CH-Ar), 8.182 (s, 1H, =C=CH, núcleo de oxazol); m/z: 361.08.

4-[4-(3, 4, 5-trimetoxifenil)-1,2-oxazol-3-il]benzenossulfonamida [3]

Rendimento: 92 %; M.p. 133-135° C; Anal. calc para C H N_{181826} S O: C 55,38 %, H 4,65 %, N 7,18 %;

FT-IR (cm^{-1}): 1055 (SO_2 -Sym), 1581 (SO_2 -Asym), 1578 (C=C), 1615 (C=N), 2966 (CH-Ar), 3218 (NH_2);^{1} H NMR ($CDCl_3$) (ppm): 3.539 (s, 3H, OCH_3), 3.637 (s, 3H, OCH_3), 3.747 (s, 3H, OCH_3), 7.235 (s, 1H, CH-Ar), 7.298 (s, 1H, CH-Ar), 7.607 (s, 2H, -SO NH_{22}), 7.755-7.613 (d, 2H, CH-Ar), 7.914-7.973 (d, 2H, CH-Ar), 8.177 (s, 1H, =C=CH, núcleo de oxazol); m/z: 391.09.

4-[4-(4-hydroxyphenyl)-1,2-oxazol-3-yl]benzenesulfonamide [4]

Rendimento: 90 %; M.p. 137-139° C; Anal. calc para C H N_{151224} S O: C 56,95 %, H 3,82 %, N 8,86 %; FT-IR (cm^{-1}): 1044 (SO^2 -Sym), 1568 (SO^2 -Asym), 1592 (C=C), 1614 (C=N), 2970 (CH-Ar), 3293 (NH_2), 3434 (OH);[1] H NMR ($CDCl_3$) (ppm): 5.510 (s, 1H, OH), 6.928-6.963 (d, 2H, CH-Ar), 7.238-7.270 (d, 2H, CH-Ar), 7.588 (s, 2H, -SO NH_{22}), 7.714-7.746 (d, 2H, CH-Ar), 7.808-7.839 (d, 2H, CH-Ar), 8.159 (s, 1H, =C=CH, núcleo oxazol); m/z: 317.06.

4-[4-(3, 4-dihydroxyphenyl)-1,2-oxazol-3-yl]benzenesulfonamide [5]

Rendimento: 93 %; M.p. 134-136° C; Anal. calc para C H N_{151225} S O: C 54,21 %, H 3,64 %, N 8,43 %;

FT-IR (cm^{-1}): 1049 (SO_2 -Sym), 1573 (SO_2 -Asym), 1594 (C=C), 1619 (C=N), 2977 (CH-Ar), 3297 (NH_2), 3748 (OH), 3819 (OH);[1] H NMR ($CDCl_3$) (ppm): 5.275 (s, 1H, OH), 5.391 (s, 1H, OH), 6.994-7.132 (d, 2H, CH-Ar), 7.275 (s, 1H, CH-Ar), 7. 577 (s, 2H, -SO NH_{22}), 7.759-7.797 (d, 2H, CH-Ar), 7.917-7.971 (d, 2H, CH-Ar), 8.163 (s, 1H, =C=CH, núcleo de oxazol); m/z: 333.05.

4-[4-(3, 4, 5-tri-hidroxifenil)-1,2-oxazol-3-il]benzenossulfonamida [6]

Rendimento: 95 %; M.p. 137-139° C; Anal. calc para C H N_{151226} S O: C 51,72 %; H 3,47 %; N 8,04 %;

FT-IR (cm^{-1}): 1069 (SO_2 -Sym), 1597 (SO_2 -Asym), 1678 (C=C), 1618 (C=N), 2987 (CH-Ar), 3334 (NH_2), 3378 (OH), 3798 (OH), 3976 (OH);[1] H NMR ($CDCl_3$) (ppm): 5.413 (s, 1H, OH), 5.498 (s, 1H, OH), 5.527 (s, 1H, OH), 7.130 (s, 1H, CH-Ar), 7.263 (s, 1H, CH-Ar), 7.597 (s, 2H, -SO NH_{22}), 7.690-7.739 (d, 2H, CH-Ar), 7.817-7.877 (d, 2H, CH-Ar), 8.154 (s, 1H, =C=CH, núcleo do oxazol); m/z: 349.04.

2.3.Atividade antimicrobiana

Os derivados de 1,2-oxazol foram então avaliados quanto aos efeitos antibacterianos nos agentes patogénicos Gram +ve e -ve, de acordo com o protocolo descrito [53-67]. A ciprofloxacina foi considerada como referência e o DMSO como controlo negativo na experiência.

3. Resultados e discussão:

As estruturas dos 1,2-oxazóis foram desenhadas e calculadas para a pontuação de bioatividade e as propriedades físico-químicas, utilizando o software disponível online que pode ser encontrado em www.molinspiration.com. Os resultados do rastreio computacional revelaram que todos os componentes estavam em conformidade com a regra dos cinco de Lipinski e possuíam uma boa pontuação de bioatividade muito significativa, **Figura-1, Tabela-1**. A preparação do núcleo de 1,2-oxazol foi conseguida através do procedimento sintético em duas etapas, conforme mencionado na **Figura-2**. O primeiro passo é a preparação da chalcona misturando o aldeído e a cetona em quantidades eqimolares numa solução de hidróxido de sódio a 10%. O segundo passo é a formação do núcleo de 1,2-oxazol pela reação da chalcona e do cloridrato de hidroxilamina na presença de acetato de sódio. Os espectros FT-IR e NMR foram registados para confirmação estrutural. Nos espectros de FTIR, a ausência de bandas em torno de 1700 cm^{-1} devido a C=O confirma a formação do núcleo de oxazol e, simultaneamente, a presença de bandas na gama 1610-1618 cm^{-1} devido a C=N na estrutura preparada também confirma a síntese. Outras bandas foram também observadas nos espectros FT-IR como parte da estrutura dos compostos na gama 3280-3334 cm^{-1}, 1044-1069 cm^{-1} e 1562-1597 cm^{-1} devido a NH_2, SO_2 (Sym) e SO_2 (Asym) respetivamente. Os espectros de RMN de protões do 1,2-oxazol (1-6) confirmaram ainda mais a formação. Nos espectros de RMN de H^1, a presença de um singleto em torno de 8,157-8,182 ppm devido ao protão HC=C do núcleo do oxazol recomendou a formação dos compostos (1-6). Simultaneamente, a presença de um singleto em torno de 7,275-7,607 ppm devido ao singleto SO -NH_{22} e a ausência de singleto na gama 7,453-7,512 e 7,882-7,998 devido aos protões insaturados HC=CH α-β da chalcona. Após a análise estrutural, os componentes do 1,2-oxazol foram submetidos a uma avaliação antibacteriana cujos resultados são apresentados na **Tabela-2 e** na **Figura-3**. Os resultados estão de acordo com os resultados computacionais, uma vez que todos os seis componentes apresentaram uma melhor atividade e uma boa concentração inibitória mínima quando comparados com o medicamento padrão.

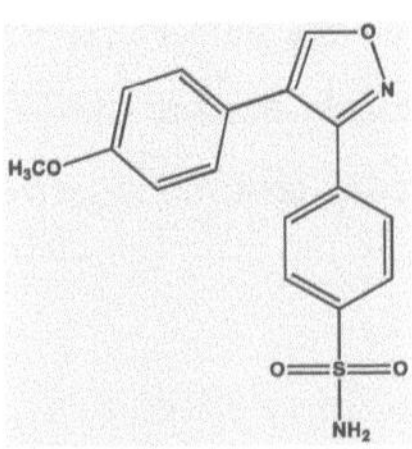

(1)

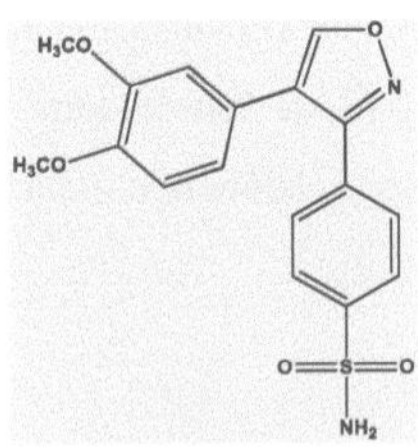

(2)

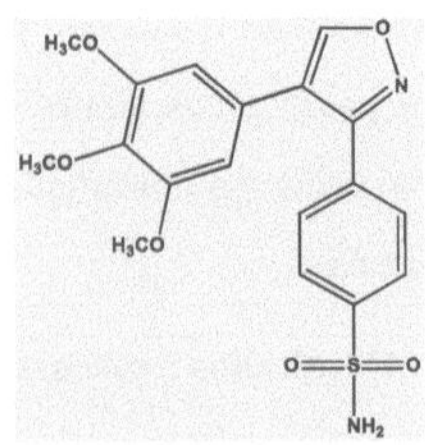

(3)

(1)	
GPCR ligand	-0.02
Ion channel modulator	-0.14
Kinase inhibitor	0.13
Nuclear receptor ligand	-0.12
Protease inhibitor	0.02
Enzyme inhibitor	0.11

(2)	
GPCR ligand	-0.01
Ion channel modulator	-0.14
Kinase inhibitor	0.13
Nuclear receptor ligand	-0.07
Protease inhibitor	0.04
Enzyme inhibitor	0.12

(3)	
GPCR ligand	-0.02
Ion channel modulator	-0.14
Kinase inhibitor	0.13
Nuclear receptor ligand	-0.12
Protease inhibitor	0.02
Enzyme inhibitor	0.11

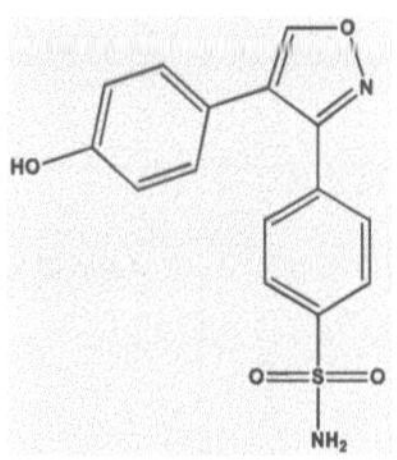

(4)

GPCR ligand	0.09
Ion channel modulator	**-0.02**
Kinase inhibitor	0.18
Nuclear receptor ligand	0.10
Protease inhibitor	0.12
Enzyme inhibitor	0.24

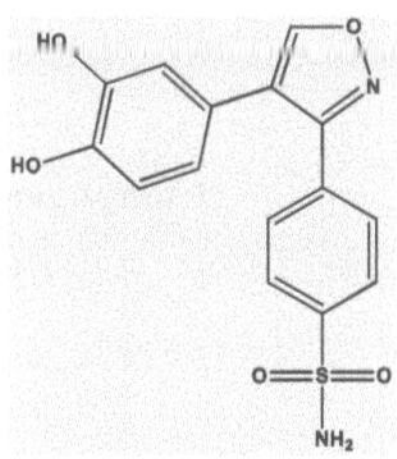

(5)

GPCR ligand	0.08
Ion channel modulator	**-0.03**
Kinase inhibitor	0.21
Nuclear receptor ligand	0.08
Protease inhibitor	0.11
Enzyme inhibitor	0.24

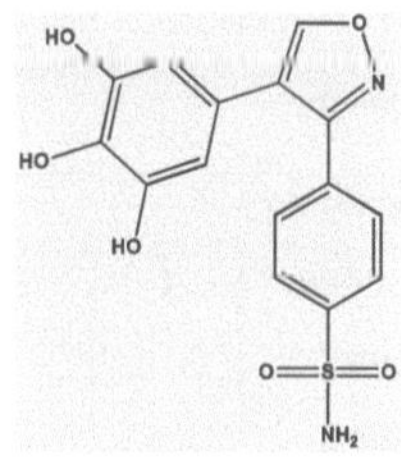

(6)

GPCR ligand	0.07
Ion channel modulator	**-0.02**
Kinase inhibitor	0.23
Nuclear receptor ligand	0.06
Protease inhibitor	0.13
Enzyme inhibitor	0.27

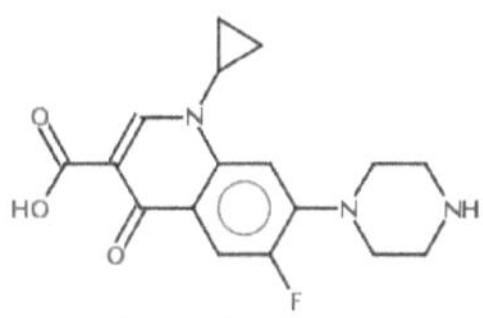

Ciproflocaxin

GPCR ligand	0.12
Ion channel modulator	**-0.04**
Kinase inhibitor	**-0.07**
Nuclear receptor ligand	**-0.19**
Protease inhibitor	**-0.20**
Enzyme inhibitor	0.28

Figura-1: Estrutura dos 1, 2-oxazóis e pontuação da bioatividade

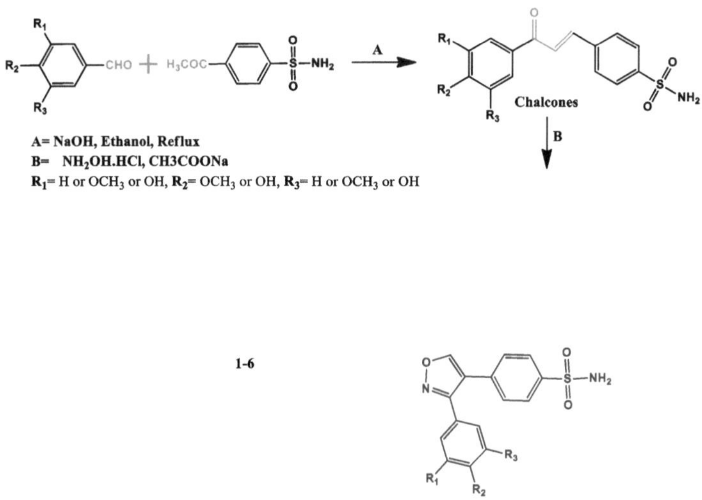

Figura-2: As estruturas e a pontuação de bioatividade dos derivados de 1,2-oxazol (1-6) e da ciprofloxacina.

Tabela-1: Propriedades físico-químicas dos derivados de 1, 2-oxazol (1-6) e da ciprofloxacina.

Pontuação da propriedade físico-química	Componentes						
	1	2	3	4	5	6	PADRÃO
miLogP	2.57	2.16	2.14	2.03	1.54	1.25	-0.071
TPSA	95.43	104.67	113.90	106.42	126.65	146.88	74.569
Natomas	23	25	27	22	23	24	24.0
MW	330.37	360.39	390.42	316.34	332.34	348.34	331.347
Não	6	7	8	6	7	8	6
nOHNH	2	2	2	3	4	5	2
Violações	0	0	0	0	0	0	0
Nrotb	4	5	6	3	3	3	3
Volume	272.54	298.08	323.63	255.01	263.03	271.05	285.460

Tabela-2: Representação da zona de inibição e da concentração inibitória mínima dos derivados de 1,2-oxazol (1-6) e da ciprofloxacina.

S. Não.	Efeito dos compostos no micro-organismo			
	Gram positivo		Gram negativo	
	S. aureus	*S. epidermidis*	*E. coli*	*P. mirabilis*
1	20.45±0.20	21.26±0.32	23.58±0.23	20.12±0.19
2	22.32±0.26	21.44±0.20	23.66±0.32	22.21±0.25
3	20.25±0.28	22.17±0.33	23.64±0.18	20.43±0.30
4	21.64±0.17	22.36±0.24	24.75±0.24	20.66±0.37
5	21.81±0.24	22.55±0.17	23.80±0.26	21.74±0.26
6	22.22±0.33	23.18±0.34	24.32±0.30	22.24±0.20
Ciprofloxacina	21.39±0.21	22.87±0.37	23.69±0.81	22.34±0.21
S. Não.	**Concentração inibitória mínima (µg/ml)**			
	Gram positivo		**Gram negativo**	

	S. aureus	*S. epidermidis*	*E. coli*	*P. mirabilis*
1	6.25	3.125	6.25	12.5
2	6.25	3.125	6.25	12.5
3	6.25	3.125	6.25	12.5
4	6.25	3.125	6.25	12.5
5	6.25	3.125	6.25	12.5
6	6.25	3.125	6.25	12.5
Ciprofloxacina	**6.25**	**3.125**	**6.25**	**12.5**

Figura-3: Representação da área percentual de inibição por micrograma dos derivados de 1,2-oxazol (1-6) e ciprofloxacina.

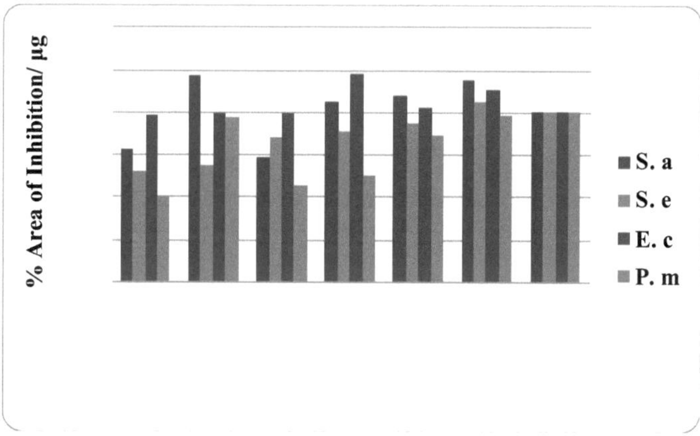

4. Conclusão:

Uma sequência de seis derivados de 1, 2-oxazol foi concebida e calculada computacionalmente para a semelhança de fármacos e propriedades físico-químicas. Os resultados explicaram que todos os derivados possuíam uma pontuação de bioatividade fantástica e estavam em conformidade com a Regra dos Cinco de Lipinski. Todos os derivados bioactivos do 1, 2-oxazol foram então preparados e caracterizados, o que levou à sua avaliação antibacteriana. Os resultados experimentais da atividade antibacteriana foram observados em forte recomendação com os resultados computacionais e, de entre seis compostos, quatro (2, 4, 5 e 6) exibiram um potencial antibacteriano altamente significativo.

5. Referências:

1. Trojanowski D, Skut P, Hołówka J, Szafran MJ. Em busca de novos antibióticos-inibidores da replicação de cromossomas bacterianos. Postepy Hig. Med. Dosw. 2014; 68; 701-714.
2. Zhang H-Z, Zhao Z-L, Zhou C-H. Avanços recentes na química medicinal à base de oxazol, European Journal of Medicinal Chemistry. 2018; 144; 444-492.
3. Abhale Y. K, Sasane A. V, Chavan A. P, Shekh S. H, . Deshmukh K. K, Bhansali S, et al. Síntese e rastreio antimicobacteriano de novos derivados de tiazolil-oxazol. Jornal Europeu de Química Medicinal. 2017; 132; 333-340.
4. Moraski G. C, Chang M, Villegas-Estrada A, Franzblau SG, Möllmann U, Miller M. J. Relação estrutura-atividade de novos agentes anti-tuberculose derivados de ésteres benzílicos de oxazolina e oxazol. Jornal Europeu de Química Medicinal. 2010; 45: 1703-1716.
5. Zhongzhong Yan, Aiping Liu, Mingzhi Huang, Minhua Liu , Hui Pei, Lu Huang, et al., síntese, estudo DFT e atividade antifúngica dos derivados de pirazolecarboxamida contendo anel de tiazol ou oxazol. European Journal of Medicinal Chemistry, In Press, Manuscrito Aceite. (https://doi.org/10.1016/j.ejmech.2018.02.036).
6. Chih-Hua Tseng, Chun-Kuang Lin ,Yeh-Long Chen ,Chin-Kai Tseng ,Jar-Yu Lee ,Jin-Ching Lee. Descoberta de derivados do nafto[1,2-d]oxazole como potenciais agentes anti-HCV através da indução da expressão da heme oxigenase-1. Jornal Europeu de Química Medicinal. 2018; 143: 970-982.
7. Tomi IHR, Tomma JH, Al-Daraji AHR. Síntese, Caracterização e Estudo Comparativo da Atividade Microbiana de alguns Compostos Heterocíclicos Contendo Moléculas de Oxazol e Benzotiazol. Jornal da Sociedade Saudita de Química. 2015; 19:392-398.
8. Padmavathi V, Prema kumari C, Venkatesh BC, Padmaja A. Síntese e atividade antimicrobiana de pirrolil e pirazolil-oxazóis, tiazóis e imidazóis ligados a amido. Jornal Europeu de Química Medicinal. 2011, 46: 5317-5326.
9. Shamsuzzaman, Mohd. Shaheen Khan, MahboobAlam, ZishanTabassum, AnisAhmad, Asad U. Khan. Síntese, actividades antibacterianas e antifúngicas de 6,5 oxazóis esteroidais fundidos na série colestano. Jornal Europeu de Química Medicinal. 2010, 45: 1094-1097.
10. Seenaiah D, P. Ramachandra Reddy ,G. Mallikarjuna Reddy ,A. Padmaja ,V. Padmavathi ,N. Siva krishna. Síntese, actividades antimicrobianas e citotóxicas de pirimidinil benzoxazol, benzotiazol e benzimidazol. Jornal Europeu de Química Medicinal. 2014; 77: 22 1-7.
11. Xin-Hua Liu ,Peng-Cheng Lv ,Jia-Yu Xue ,Bao-An Song ,Hai-Liang Zhu. Novos derivados de oxazol 2,4,5-trisubstituídos: Síntese e atividade antiproliferativa. Jornal Europeu de Química Medicinal. 2009; 44: 3930-3935.
12. Jie Zhou ,Jing Jin ,Yi Zhang ,Yuwen Yin ,Xiaoguang Chen ,Bailing Xu. Síntese e avaliação antiproliferativa de novos análogos da combretastatina A-4 com benzoimidazol e oxazol. Jornal Europeu de Química Medicinal. 2013; 68: 222-232
13. Chun-LiangChen ,Fei-LanLiu ,Chia-ChungLee ,Tsung-ChihChen ,Wen-WeiChang ,Jih-HwaGuh ,et al. Estratégia de fusão de anéis para a síntese de homólogos de antra[2,3-d]oxazole-2-thione-5,10-dione como inibidores da topoisomerase do ADN e como agentes antitumorais. Jornal Europeu de Química Medicinal. 2014: 87: 30-38.

14. Bernhard Biersack, Katharina Effenberger, Sebastian Knauer, Matthias Ocker, Rainer Schobert. Complexos de Ru(η6-areno) de oxazóis análogos à combretastatina com maior impacto anti-tumoral. Jornal Europeu de Química Medicinal. 2010; 45: 4890-4896.
15. Atul Kumar, Pervez Ahmad, Ram Awatar Maurya, A.B. Singh, Arvind K. Srivastava. Novos derivados de 2-aril-nafto[1,2-d]oxazol como potenciais inibidores de PTP-1B com actividades anti-hiperglicémicas. Jornal Europeu de Química Medicinal. 2009; 44: 109-116,
16. G Mariappan, B P Saha, Sriparna Datta, Deepak Kumar e P K Haldar. Design, síntese e avaliação antidiabética de derivados de oxazolona. J. Chem. Sci. 2011; 123: 335-341,
17. Zhang YX, Yan JF, Fan L, Zhang WY, Zhou ZW, Chen X, et. al. Síntese e avaliação preliminar da atividade antidiabética da 4-(3-(4-bromofenil)-3-oxo-1-arilpropilamino)-N-(5-metilisoxazol-3-il)benzenossulfonamida]. Yao Xue Xue Bao. 2009; 44(11):1244-51.
18. Semenyuta I, Kovalishyn V, Tanchuk V, Pilyo S, Zyabrev V, Blagodatnyy V et. al. Derivados do 1,3-Oxazol como potenciais agentes anticancerígenos: Modelação computorizada e estudo experimental. Comput Biol Chem. 2016; 65:8-15.
19. Amira S. Abd El-All, Souad A. Osman, Hanaa M. F. Roaiah, Mohamed M. Abdalla, Abeer A. Abd El Aty, Wafaa H. AbdEl-Hady. Potentes actividades anticancerígenas e antimicrobianas de derivados de pirazol, oxazol e piridina contendo 1,2,4-triazina. Pesquisa em Química Medicinal. 2015; 24: 4093-4104.
20. Zhong ZJ, Zhang DJ, Peng ZG, Li YH, Shan GZ, Zuo LMWu LT, Li SY, Gao RM, Li ZR. Síntese e atividade antiviral de uma nova classe de (5-oxazolil)fenil aminas. Jornal Europeu de Química Medicinal. 2013: 69:32-43.
21. Donthamsetty V. Sowmya, Shaik Sharafuddin Basha, Palampalli Uma Maheswari Devi, Yerraguravagari Lavanyalatha, Adivireddy Padmaja, Venkatapuram Padmavathi. Síntese, actividades antimicrobianas e anti-inflamatórias de acetamido pirrolil azóis. Pesquisa em Química Medicinal. 2017; 26: 1010-1021.
22. R. Sutherland, E. A. P. Croydon, e G. N. Rolinson. Flucloxacillin. A New Isoxazolyl Penicillin, Compared with Oxacillin, Cloxacillin, and Dicloxacillin. Br Med J. 1970: 21: 455-460.
23. Bhat A R, Arshad M, Lee E J, et. al. Síntese, Caracterização e Atividade Anti-amebiana de Derivados de N-(pirimidina-2-il)benzenossulfonamida. Chemistry & Biodiversity. 2013; 10: 2267-2277.
24. Uday K., Amandeep K. Uma visão geral de alguns derivados de benzimidazol e sulfonamida com atividade antimicrobiana. Jornal de Investigação de Ciências Farmacêuticas, Biológicas e Químicas. 2011; 2(4): 1116-1135.
25. Ahmed K., Swapna Rajesh P., Shetti V.C.R.N.C. et al. Síntese e avaliação biológica de novas oxazolidino-sulfonamidas como potenciais agentes antimicrobianos. Eur. J. Med. Chem. 2013; 62: 661-669.
26. Hui-Zhen Z., Shi-Chao H., Yan-Jun P., et al., Conceção, síntese e avaliação antimicrobiana de novos análogos de sulfonamida incorporados com benzimidazol. Eur J Med Chem. 2017; 136:165-183.
27. Masereel B., Rolin S., Abbate F., et. al., Inibidores da anidrase carbónica: sulfonamidas anticonvulsivantes que incorporam valproil e outras porções lipofílicas. J. Med. Chem., 2002 45 (2): 312-320.

28. Gregory K. Current Understanding of Delayed Anticonvulsant Hypersensitivity Reactions (Compreensão atual das reacções de hipersensibilidade retardada aos anticonvulsivantes). Epilepsy Currents. 2006; 6 (2): 33-37.

29. Nadeem S., Surendra Nath P., Suroor A. K., et. al., Síntese e atividade anticonvulsiva de derivados de sulfonamida - domínio hidrofóbico. Bioorganic & Medicinal Chemistry Letters. 2007; 17: 255-259.

30. Marc A. I., Bernard M., Stephanie R., et.al., Inibidores da anidrase carbónica: sulfonamidas aromáticas e heterocíclicas que incorporam porções de adamantyl com forte atividade anticonvulsiva. Bioorganic & Medicinal Chemistry. 2004; 12: 2717-2726,

31. Jean-Yves W., Anne T., El C. et. al., Inibidores da anidrase carbónica. Inibição das isoformas I, II, IV, VA, VII, IX e XIV com sulfonamidas que incorporam caudas de fructopiranose-tioureido. Bioorganic & Medicinal Chemistry Letters. 2007; 17: 2685-2691.

32. Awadallah F. M, El-Waei T. A, Hanna M. M, et. al., Síntese, inibição da anidrase carbónica e atividade citotóxica de novos derivados de sulfonamida à base de cromona. Jornal Europeu de Química Medicinal. 2015; 96: 425-435.

33. R. Pingaew, P. Mandi, V. Prachayasittikul, et.al., Síntese, docagem molecular e estudo QSAR de indóis à base de sulfonamida como inibidores da aromatase. Eur. J. Med. Chem., 2018; 143: 1604-1615.

34. Mostafa M. G, Mansour S. A, Ghada H. A, et. al., Conceção, síntese, docagem molecular e avaliação anticancerígena de novos híbridos de cromeno sulfonamida como inibidores da aromatase e potenciadores da apoptose. Eur. J. Med. Chem., 2016; 124: 946-958.

35. Sharma R., Soman S. S. Conceção e síntese de derivados de sulfonamida de pirrolidina e piperidina como agentes anti-diabéticos. Eur. J. Med. Chem. 2015; 90: 342-350.

36. Taha M., Irshad M., Imran S. Síntese de análogos de piperazina sulfonamida como inibidores da diabete-II e seu estudo de acoplamento molecular. Eur. J. Med. Chem. 2017; 141: 530-537.

37. Devender N., Sarika G, Tripathi R, et. al., Síntese e atividade antiplasmódica de novos derivados de indoleamida com farmacóforos de sulfonamida e triazol. Eur. J. Med. Chem. 2017; 131: 171-184

38. Mostafa M. G., Fatma A. R. Síntese, avaliação anticancerígena e radiossensibilizante de alguns novos derivados de sulfonamida. Eur. J. Med. Chem. 2015; 92: 682-692.

39. Pingaew R., Prachayasittikul V., Worachartcheewan A. et. al., Novel 1,4-naphthoquinone-based sulfonamides: Síntese, QSAR, estudos anticancerígenos e antimaláricos. Eur. J. Med. Chem. 2015; 103: 446-459

40. Timothy A. K., Tristan A. R., Eryn L. W., et.al., Investigation of pyrazolo-sulfonamides as putative small molecule oxytocin recetor agonists. Eur. J. Med. Chem. 2017; 136: 330-333.

41. Mahmoud M. G., El-Gamal M. I., Abdel-Maksoud M. S., et. al., Síntese e atividade antiproliferativa in vitro de novos derivados de 1,3,4-oxadiazol com uma parte sulfonamida. Eur. J. Med. Chem. 2015, 90: 45-52.

42. Basile L., Álvarez S., Blanco A., et. al., Sulfonilamidotiopirimidona e derivados de tiopirimidona como inibidores selectivos da COX-2: Síntese, avaliação biológica e estudos de acoplamento. Eur. J. Med. Chem., 2012; 57: 149-161.

43. Arshad M. 4-[(1E)-3-(Substituted-phenyl)-3-oxoprop-1-en-1-yl]benzenesulfonamide: Conceção, computação, síntese, caraterização e avaliação antibacteriana. Jornal Internacional de Ciências Farmacêuticas e Pesquisa. 2018; 9(2): 35-41.

44. Arshad M. 1-(Substituted-phenylsulfonyl)-2Hthieno[2,3-d][1,3]oxazine-2,4(1H)-dione:Drug likeness, physicochemical, Synthesis, Characterization, antibacterial and cytotoxicity assessment. Jornal Internacional de Ciências Farmacêuticas e Pesquisa. 2018, 9(2):12-19.

45. Alodeani E. A., Arshad M., Izhari M. A. Rastreio antimicrobiano do extrato bruto de Pluchea arabica: Componentes químicos, semelhança com o fármaco, propriedades físico-químicas e avaliação de acoplamento molecular. Revista Europeia de Investigação Farmacêutica e Médica. 2017; 4: 447-454.

46. Alodeani E. A., Arshad M., Izhari M. A. Avaliação da semelhança com medicamentos e das propriedades físico-químicas dos alcalóides presentes na pimenta preta: piperina, piperidina, piperetina e piperanina. European Journal of Pharma and medical research. 2015; 2: 296-301.

47. Arshad M., Shadab M. Rastreio antimicrobiano do extrato bruto de Zingber officinalle: Componentes químicos, semelhança com o fármaco, propriedades físico-químicas e avaliação de acoplamento molecular. Jornal Europeu de Investigação Farmacêutica e Médica. 2017; 4: 364-368.

48. Alodeani E. A., Arshad M., Izhari M., A. Atividade antiuropatogénica, semelhança de fármacos, avaliação físico-química e de acoplamento molecular da acetohidrazida (E-)-N'-(benzilideno substituído)-2-(quinolin-8-iloxi). Asian Pac J Trop Biomed, 2015; 5: 676-683.

49. Arshad M. Síntese, caraterização, estudos antimicrobianos e computacionais de alguns derivados de sulfonamida com núcleos de tiadiazol e indol. Jornal Europeu de Pesquisa Farmacêutica e Médica. 2017; 4 (12): 511-517.

50. Alodeani E. A., Arshad M., Izhari M. A. Rastreio antileishmanial, propriedades físico-químicas e semelhança com fármacos de derivados de pirazol carbaldeído. Pacífico Asiático. J. Health Sci. 2015; 2 (2): 41-47.

51. Alodeani E. A., Arshad M., Izhari M. A. Atividade antileishmanial e estudos computacionais de alguns derivados de hidrazona com núcleo de quinolina. Jornal Europeu de Pharma e pesquisa médica. 2015; 2 (7): 324-328.

52. Arshad M., Bhat A. R., Hoi K. K, et. al., Síntese, caraterização e triagem antibacteriana de alguns novos derivados de 1,2,4-triazina, Chinese Chemical Letters. 2017; 28: 1559-1565.

53. Arshad M. Núcleo 1, 3, 4-oxadiazol com aplicações farmacológicas versáteis: uma revisão. Jornal Internacional de Ciências Farmacêuticas e Pesquisa. 2014; 5(4): 1124-1137.

54. Arshad M. Desenvolvimento recente na síntese e atividade biológica de compostos heterocíclicos com núcleo de triazina. Jornal Internacional de Ciências Farmacêuticas e Pesquisa. 2014, 5: 149-162.

55. Arshad M, Khan T. A. Avanços recentes na síntese e atividade biológica de compostos heterocíclicos com núcleo de oxadiazol. Jornal Internacional de Ciências Farmacêuticas e Pesquisa. 2014; 5: 149-162.

56. Arshad M. Uma visão do triazol obtido sinteticamente e que possui numerosas actividades biológicas. Jornal Internacional de Farmácia e Ciências Farmacêuticas. 2014; 9: 16-24.
57. Arshad M., Tazeem, Bhat A R, F. Athar. Azóis heterocíclicos e sua aplicação biológica como antimicrobianos. Jornal de Ciências Naturais, Biologia e Medicina. 2011; 2: 1-156.
58. Alodeani E. A., Arshad M., Izhari M. A. Agentes patogénicos da pele queimada: Isolamento, identificação e padrão de atividade antimicrobiana contra derivados de pirazol. Jornal Americano de Pesquisa em Tecnologia Farmacêutica. 2015; 5: 150-158.
59. Kareem A., Laxmi, Arshad M., Nishat N., Herbo-Mineral based Schiff base ligand and its metal complexes: synthesis, characterization, catalytic potential and its biological applications. Jornal de Fotoquímica e Fotobiologia B: Biologia. 2016, 160: 163-171.
60. Iram N., Khan M. S., Jolly R., et. al., Modo de interação do nanocompósito de policarbazole-dióxido de titânio com o ADN: Molecular docking simulation and in-vitro antimicrobial study. Journal of Photochemistry and Photobiology B: Biology, 2015; 153: 20-32.
61. Nami S. A. A., Arshad M., Shakir M., et. al., Estudos morfológicos, estruturais, de acoplamento molecular e biocidas de nanocompósitos Ppy-MA/TiO2 recentemente sintetizados, Polímeros para tecnologia avançada. 2015; 26: 1627-1638.
62. Bushra R., Shahadat M., Khan M. A., et. al., Preperation of Polyaniline based Nanocomposite material and their Environmental Applications. Int. J. Env. Sci. Technol. 2015; 12: 3635-3642.
63. Nami S. A. A., Khan M. S., Arshad M. Estudos espectrais, morfológicos e antibacterianos de copolímeros condutores, Ppy-MA, e seus nanocompósitos, Ag@Ppy-MA. Polímeros para tecnologias avançadas. 2017; 28: 10-19.
64. Nayab P. S., Arif R., Arshad M., et. al., Síntese, caraterização, antibacteriano, ligação ao ADN e estudos de acoplamento molecular de novas ftalimidas n-substituídas. Heterocyclic letters. 2015,; 5: 223-239.
65. Alodeani E. A., Arshad M., Izhari M. A. Potencial farmacológico e significado medicinal do núcleo de pirimidina versátil. Revista Europeia de Ciências Biomédicas e Farmacêuticas. 2014; 1 (3): 504-527.
66. Tazeem, Arshad M., Bhat A R, Athar F. Síntese, caraterização de compostos heterocíclicos e sua aplicação como agentes terapêuticos antibacterianos. Jornal de Ciências Naturais, Biologia e Medicina. 2011; 2: 1-156.
67. Tuhfa, Wani M. Y., Arshad M. et. al., Chalcone scaffold: Síntese, modificação, caraterização, propriedades moleculares e rastreio contra micróbios. Jornal de Ciências Naturais Biologia e Medicina. 2011; 2: 1-156.

Capítulo: 4

Compostos heterocíclicos com grupos pirimidina, oxazol e pirazol: Conceção, computação, síntese, caraterização, antibacteriano e rastreio de docagem molecular

1. Introdução:

As infecções causadas por pequenos micróbios patogénicos podem levar à ocorrência de uma doença fetal [1]. Por outro lado, o aumento espontâneo da resistência antimicrobiana aos agentes quimioterapêuticos disponíveis criou muitos problemas no tratamento de infecções causadas por *Staphylococci aureus* resistente à meticilina (MRSA), *Streptococcus pneumoniae* resistente à penicilina (PRSP) e *Enterrococci* resistente à vanco-micina (VRE) [2]. Por conseguinte, existe uma procura contínua de preparação de novos agentes antibacterianos para o tratamento destas infecções [3]. Os compostos heterocíclicos têm sido muito utilizados na descoberta de uma variedade de agentes quimioterapêuticos [4-8]. A fração piperonal tem sido muito estudada devido às suas aplicações biológicas versáteis, tais como antibacteriana, anticancerígena, anticonvulsiva, antiamoébica, antiproliferativa, antiviral, antitumoral, antiplasmódica e inibidora da COX-2 [9-16]. A pirimidina e os seus derivados têm sido amplamente estudados pelos investigadores, tendo sido relatado que possuem um potencial biológico versátil, como antimicrobiano, analgésico, anti-histamínico, antibacteriano, anti-protozoário, anti-tuberculoso, etc. [17-19]. Os investigadores debruçaram-se muito sobre os efeitos terapêuticos dos derivados do pirazol, tais como [20-21]. Por outro lado, foi relatado que o oxazol e os seus derivados possuem numerosas potencialidades biológicas, como agentes anti-tuberculosos, antifúngicos, anti-HCV, antimicrobianos, antiproliferativos, antitumorais, anti-hiperglicémicos ou antidiabéticos, anticancerígenos, antivirais e anti-inflamatórios [22-31]. Recentemente, Mohamed F. El Shehryet al. relataram a síntese e a avaliação biológica de alguns derivados de quinolina contendo núcleo de pirazol [32], outro estudo visando as propriedades terapêuticas antimicrobianas dos derivados com núcleo (pirazóis, isoxazóis, pirimidina) foi também relatado por A. Padmaja et al. [33]. Alguns outros estudos que visam o potencial biológico e a avaliação do acoplamento molecular foram também comunicados [34-35]. Os efeitos terapêuticos individuais destes núcleos (piperonal, pirazol, isoxazol e pirimidina) levaram-nos a conceber e preparar alguns derivados bioactivos da pirimidina, do pirazol e do oxazol com a porção piperonal e a submetê-los ao potencial terapêutico antimicrobiano, bem como à avaliação do acoplamento molecular.

2. Resultados e discussão:

A estrutura dos compostos alvo (1-3) foi desenhada pelo software ChemDraw Ultra 8.0 para a geração dos smiles. Os smiles foram então utilizados para o cálculo da pontuação de bioatividade e análise físico-química pelo Molinspiration, os dados calculados são apresentados na **Figura 2.** Os compostos bioactivos (1-3) foram então sintetizados pelo procedimento esquemático mencionado na **Figura-1**. O passo 1 do procedimento sintético incluiu a reação de condensação entre o 1,3-benzodioxole-5-carbaldeído e a 4-acetilbenzenossulfonamida para produzir 4-[(*2E*)-3-(1,3-benzodioxol-5-il)prop-2-enoyl]benzenossulfonamida (A). A etapa 2 é diferente para a síntese dos compostos 4-[2-amino-6-(1,3-benzodioxol-5-il)pirimidin-4-il]benzenossulfonamida [1], 4-[3-(1,3-benzodioxol-5-il)-1,2-oxazol-5-il]benzenossulfonamida [2] e -[5-(1,3-benzodioxol-5-il)-*4H-pirazol-3-il*]benzenossulfonamida [3]. Os compostos-1 sofrem a reação (A) e cloridrato de guanidina em isopropanol sob condição de refluxo. O composto-A reagiu com cloridrato de hidroxilamina em etanol sob refluxo, para produzir o composto-2. O composto-3 é sintetizado através da reação entre hidrato de hidrazina e o composto-A, em etanol sob refluxo. Os compostos (1-3) foram então caracterizados para confirmação estrutural por vários métodos espectroscópicos (FT-IR,[1] H-NMR, espetroscopia de massa) e análise elementar. Os espectros de FTIR para o composto-1 exibiram o sinal a 1063, 1617, 3335, 3354 cm^{-1} devido à presença de grupos funcionais C-N, C=N, NH_2 , SO $-NH_{22}$ e a ausência de sinal em torno de 1700 cm^{-1} devido ao grupo funcional C=O confirmou a estrutura do composto-1. O desaparecimento do sinal a cerca de 1700 cm^{-1} devido ao grupo funcional C=O e o aparecimento de sinais na gama 1619-1621, 2971-2977 e 3347-3358 cm^{-1} devido à presença de grupos funcionais C=N, CH-Ar, SO $-NH_{22}$ confirmaram a formação do composto-2 e do composto-3. [1]A confirmação estrutural adicional foi efectuada pelos espectros de RMN de H dos compostos (1), o singleto caraterístico a 5,971 ppm devido aos protões O-CH_2 -O, 8,114 ppm devido aos protões NH_2 e 8,393 ppm devido aos protões SO $-NH_{22}$. Os espectros H-NMR dos compostos 2-3 exibiram o singleto em torno de 5,908-8,310 ppm e 8,310-8,408 devido aos protões O-CH_2 -O e SO $-NH_{22}$ respetivamente. Os espectros do composto-3 também exibiram os duplos duplos em torno de 3,19-3,26, 4,07-4,15 e 6,10-6,17 ppm devido à presença de protões H_A , H_B , H_X do núcleo da pirazolina. A secção experimental contém os dados espectroscópicos detalhados dos compostos (1-3). O rastreio dos compostos como agentes antimicrobianos foi avaliado pelo método de difusão em disco, utilizando os agentes patogénicos gram-positivos e negativos de acordo com a formação da zona de inibição e a concentração inibitória mínima (CIM). A respectiva zona de inibição e a CIM dos compostos (1-3) e do fármaco de referência Ciprofloxacina estão representadas na **Tabela-1** e a % da área de inibição/μg está indicada na **Figura-3**. Os resultados do rastreio antimicrobiano mostram que o composto-1 possui uma semelhança muito forte com o fármaco de referência, o composto-2 apresenta um efeito antimicrobiano muito significativo contra todos os microrganismos, enquanto o composto-3 apresenta um melhor efeito antimicrobiano em comparação com o fármaco de referência. Ao desenvolver a relação estrutura-atividade, observou-se que os compostos preparados actuam de forma a alterar a função da membrana celular para inibir o crescimento das bactérias. Para compreender o estado de cito-toxicidade dos compostos sintetizados, foi efectuado o ensaio MTT contra células HepG2. Os compostos sintetizados foram tratados em células HepG2 com diferentes concentrações (3,125, 6,25, 12,5, 25, 50 e 100 μM) e observou-se que a viabilidade das células era inversamente proporcional à concentração. De acordo com o protocolo, apenas as células viáveis serão capazes de produzir o cristal de formazan devido à presença de enzimas mitocondriais, pelo que a formação do complexo colorido será igual ao número de células viáveis, Figura-5. Para apoiar os resultados experimentais e para uma melhor compreensão do potencial antimicrobiano, foi efectuada uma avaliação de acoplamento molecular para todos os compostos sintetizados (1-3) e a ciprofloxacina. Os resultados mostraram que uma variedade de resíduos da GlcN-6-P-sintase formaram ligações de hidrogénio com o Composto-1 (SER 316, TYR 576, ASP 548), o Composto-2 (LYS 487 e LEU 480), o Composto-3 (CYS 300, SER 347, SER 401 VAL399, ILE 397, GLN 348 e THR 352) e a Ciprofloxacina (THR 352, THR 302, SER 401 e LYS 485). De um modo geral, a avaliação da ligação recomendou fortemente os resultados experimentais e revelou que o composto-3 representava uma ligação H muito melhor do que a ciprofloxacina e que a ligação H semelhante é observada apenas com resíduos SER (Composto-1, 3 e ciprofloxacina) e resíduos SER e THR (Composto-3 e ciprofloxacina). A afinidade de ligação do composto-1, 2, 3 e da ciprofloxacina foi observada, respetivamente, na gama de -7,5 a -7,0 Kcal/mol, (-7,0 a -6,5 Kcal/mol), (-7,6 a -6,6 Kcal/mol) e (-7,1 a 6,2 Kcal/mol) Tabela-2.

3. Experimental:

O diagrama esquemático e as estruturas dos compostos foram desenhados pelo ChemDraw Ultra 12.0/ChemSketch, e o estudo computacional foi efectuado no Molinspiration. Os produtos químicos e reagentes necessários Piperonal, 4-acetilbenzenossulfonamida, NaOH, etanol, ácido clorídrico guanidina, álcool isopropílico, NH_2 OH.HCl, refluxo, D= NH NH_{22} .H2O, Conc. H_2 SO_4 , ágar, ciprofloxacina, dimetilsulfóxido, MTT, DMEM, FBS) foram adquiridos à Sigma-Aldrich, Merck, Alemanha, HIMEDIA e HyClone Laboratories, Logan, UT, EUA. O progresso da reação foi efectuado através de placas cromatográficas de camada fina. As técnicas analíticas para confirmar a estrutura foram efectuadas por um analisador Heraeus Vario EL III para análise elementar, um instrumento Perkin-Elmer modelo 1600 FT-IR RX1 para espectros FTIR, um espetrómetro Bruker Avance 300 MHz para espectros NMR (^{1} H ou^{13} C) e um espetrómetro de massa Micromass Quattro II de quadrupolo triplo para espectros de massa.

Avaliação computacional:

O Chem Draw ultra 8.0 foi utilizado para conceber as estruturas dos compostos (1-3), padronizadas e aplicadas para o cálculo das propriedades físico-químicas e da pontuação de bioatividade pelo software disponível online (Molinspiration), o procedimento detalhado é relatado em [36-42].

Síntese e caraterização:

Procedimento geral para a síntese da 4-[(*2E*)-3-(1,3-benzodioxol-5-il)prop-2-enoyl]benzenossulfonamida

A síntese da 4-[(*2E*)-3-(1,3-benzodioxol-5-il)prop-2-enoyl]benzenossulfonamida foi efectuada de acordo com o procedimento descrito em [17].

Procedimento para a síntese da 4-[2-amino-6-(1,3-benzodioxol-5-il)pirimidin-4-il]benzenossulfonamida [1]

4-[(*2E*)-3-(1,3-benzodioxol-5-il)prop-2-enoyl]benzenossulfonamida e cloridrato de guanidina foram colocados num balão de fundo redondo, misturados com 50 mL de álcool isopropílico e refluxados durante 24 h para produzir o composto desejado [1].

4-[2-amino-6-(1,3-benzodioxol-5-il)pirimidin-4-il]benzenossulfonamida

Rendimento: 85 %; m. p. 115-117^0 C: Cristais amarelo claro; Anal. calc. para C H N_{171444} S O: C 55.13, H 3.81, N 15.13; Encontrado: C 55,09, H 3,84, N 15,17; FT-IR (cm^{-1}): 1063 (C-N), 1617 (C=N), 2995 (CH-Ar), 3335 (NH_2), 3354 (SO -NH_{22});^{1} H NMR (DMSO-d6) (ppm): 5.971 (s, 2H, O-CH_2 -O), 6.858 (s, 1H, CH-Ar), 7.039-7.121 (d, 1H,

CH-Ar), 7.198-7.231 (d, 1H, CH-Ar), 7.337-7.502 (m, 4H, CH-Ar), 8.114 (s, 2H, NH_2), 8.393 (s, 2H, SO NH_{22}); ESI-MS (m/z): [M^+ + 1]: 371,08 (Massa: 370,39).

Procedimento para a síntese da 4-[3-(1,3-benzodioxol-5-il)-1,2-oxazol-5-il]benzenossulfonamida [2]

Uma quantidade equimolar de 4-[(*2E*)-3-(1,3-benzodioxol-5-il)prop-2-enoyl]benzenossulfonamida e cloridrato de hidroxilamina foi adicionada a 50 ml de etanol e refluxada durante 24 h. O composto resultante foi obtido sob a forma de precipitado, filtrado, seco sob vácuo e recristalizado a partir de metanol.

4-[3-(1,3-benzodioxol-5-yl)-1,2-oxazol-5-yl]benzenesulfonamide

Rendimento: 88 %; m. p. 110-112^0 C: Cristais amarelo claro; Anal. calc. para C H N_{161225} S O: C 55.81, H 3.51, N 8.14; Encontrado: C 55,83, H 3,52, N 8,17; FT-IR (cm^{-1}): 1621 (C=N), 2977 (CH-Ar), 3347 (SO -NH_{22});^{1} H NMR (DMSO-d6) (ppm): 5.908 (s, 2H, O-CH_2 -O), 6.905 (s, 1H, CH-Ar), 7.139-7.181 (d, 1H, CH-Ar), 7.283-7.320 (d, 1H, CH-Ar), 7.363-7.492 (m, 4H, CH-Ar), 8.310 (s, 2H, SO NH_{22}); ESI-MS (m/z): [M^+ + 1]: 345,05 (Massa: 344,35).

Procedimento para a síntese da 4-[5-(1,3-benzodioxol-5-il)-*4H-pirazol-3-il*]benzenossulfonamida [3]

O hidrato de hidrazina e a 4-[(*2E*)-3-(1,3-benzodioxol-5-il)prop-2-enoyl]benzenossulfonamida foram misturados em 50 mL de etanol num balão de fundo redondo e mantidos em refluxo após a adição de ácido sulfúrico (1 mL). Após a conclusão da reação, a mistura reacional foi vertida em água fria para obter o produto final.

4-[5-(1,3-benzodioxol-5-yl)-4H-pyrazol-3-yl]benzenesulfonamide [3]

Rendimento: 80 %; m. p. 119-121^0 C: Cristais amarelo-escuros; Anal. calc. para C H N_{161334} S O: C 55,97, H 3,82, N 12,24; Encontrado: C 55,99, H 3,84, N 12,26; FT-IR (cm^{-1}): 1619 (C=N), 2971 (CH-Ar), 3358 (SO -NH_{22}); 3.19-3.26 (dd, 1H, anel de pirazolina, H_B), 4.07-4.15 (dd, 1H, anel de pirazolina, H_A), 6.10-6.17 (dd, 1H, anel de pirazolina, H_X),^{1} H RMN (DMSO-d6) (ppm): 6.007 (s, 2H, O-CH_2 -O), 6.881 (s, 1H, CH-Ar), 7.039-7.095 (d, 1H, CH-Ar), 7.252-7.395 (m, 4H, CH-Ar), 8.402 (s, 2H, SO NH_{22}), 11.113 (s, 1H, NH); ESI-MS (m/z): [M^+ + 1]: 344,07 (Massa: 343,36).

Rastreio antimicrobiano:

O rastreio antimicrobiano dos compostos (1-3) foi realizado por difusão em disco nos agentes patogénicos gram-positivos e gram-negativos [S. aureus (ATCC-25923), S. epidermidis (ATCC-29887), E. coli (ATCC-25922), P. mirabilis (ATCC-25933) seguindo o mesmo protocolo discutido na literatura [43-51].

Avaliação de Docagem Molecular:

A avaliação do docking molecular foi efectuada pelo Aautodock-tools 1.5.6, Autodock-Vina e Pymol para estimar a afinidade de ligação e a ligação H entre os compostos sintetizados (1-3), a ciprofloxacina e os resíduos de aminoácidos da proteína GlcN-6-P-sintase, (PDB: 2VF5) [52-54].

Avaliação da percentagem de viabilidade das células

A percentagem de viabilidade das células para os compostos preparados 1-10 foi efectuada contra HepG2 (carcinoma hepatocelular humano). As células foram cultivadas em meio de Eagle modificado de Dulbecco com 10% de soro fetal bovino ativado pelo calor e (100 unidades/mL de penicilina, 100mg/mL de estreptomicina e 2,5mg/mL de anfotericina B) e incubadas a 37° C numa atmosfera contendo (95% de ar/5% de CO2), [55-56].

4. Conclusão:

Foi concebida uma série de três compostos com diferentes núcleos heterocíclicos e calculada a sua bioatividade e propriedades físico-químicas. Verificou-se que os compostos possuíam a pontuação de bioatividade na zona de compostos bioactivos. Os compostos foram sintetizados, caracterizados e avaliados quanto aos efeitos antimicrobianos e os resultados revelaram que o composto-3 apresentava um melhor potencial antimicrobiano do que a ciprofloxacina. A avaliação de docking molecular foi também estabelecida para uma melhor compreensão do potencial antimicrobiano em termos de afinidade de ligação e ligação H com os resíduos da GlcN-6-P-sintase. Os resultados da avaliação de acoplamento recomendaram fortemente a descoberta experimental e representaram que o composto-3 tem uma melhor ligação H com os resíduos da proteína do que o padrão.

5. Referências:

1. P. Gastmeier, D. Sohr, C. Geffers, et al., Mortality risk factors with nosocomial *Staphylococcus aureus* infections in intensive care units: results from the Sistema Alemão de Vigilância das Infecções Nosocomiais (KISS), Infeção 33 (2005) 50-55.
2. H.C. Neu, The crisis in antibiotic resistance, Science 257 (1992) 1064-1073.
3. Mohammad Arshad, Mohammad Shoeb Khan, Jornal Russo de Química Geral, 2018, 88 (10), 2154-2162.
4. Mohammad Arshad, Revista Internacional de Farmácia e Ciências Farmacêuticas, 2014, 9(4) 16-24.
5. Mohammad Arshad, Taqi Ahmed Khan, International Journal of Pharma Sciences and Research, 2014, 5, 149-162.
6. Mohammad Arshad, Revista Internacional de Ciências Farmacêuticas e Investigação, 2014, 5 (4), 149-162.

7. Mohammad Arshad, International Journal of Pharmaceutical Sciences and Research, 5 (4) 2014, 1000-1013.
8. Essa Ajmi Alodeani, Mohammad Arshad, Mohammad Asrar Izhari. Jornal Europeu de Investigação Farmacêutica e Médica, 2015, 2 (7), 324-328.
9. Mohammad Arshad, Abdul Roouf Bhat, Smritee Pokharel, Eun Ju Lee, Fareeda Athar, Inho Choi. Jornal Europeu de Química Medicinal, 2014, 71, 229-236.
10. G. Prasanthi, K.V. Prasad, K. Bharathi, Eur. J. Med. Chem. 66 (2013) 516-525.
11. M.N. Aboul-Enein, A.A. El-Azzouny, M.I. Attia, Y.A. Maklad, K.M. Amin, M Abdel-Rehim, M.F. El-Behairy, Eur. J. Med. Chem. 47 (2012) 360-369.
12. B.H. Alizadeh, A. Foroumadi, S. Emami, M. Khoobi, F. Panah, S.K. Ardestani, A. Shafiee, Eur. J. Med. Chem. 45 (2010) 5979-5984.
13. H. Yeo, Y. Li, L. Fu, J.L. Zhu, E.A. Gullen, G.E. Dutschman, Y. Lee, R. Chung, E.S. Huang, D.J. Austin, Y.C. Cheng, J. Med. Chem. 48 (2005) 534-546.
14. W. Feng, M. Satyanarayana, Y.C. Tsai, A.A. Liu, L.F. Liu, E.J. LaVoie, Eur. J. Med. Chem. 44 (2009) 3433-3438.
15. T.B. Beghyn, J. Charton, F. Leroux, A. Henninot, I. Reboule, P. Cos, L. Maes, B. Deprez, J. Med. Chem. 55 (2012) 1274-1286.
16. S.P. Khanapure, D.S. Garvey, D.V. Young, M. Ezawa, R.A. Earl, R.D. Gaston, X. Fang, M. Murty, A. Martino, M. Shumway, M. Trocha, P. Marek, S.W. Tam, D.R. Janero, L.G. Letts, J. Med. Chem. 46 (2003) 5484-5504.
17. Abdul R. Bhat, Mohammad Arshad, Eun Ju Lee, Smritee Pokharel, Inho Choi, Fareeda Athar, Chemistry & Biodiversity, 2013, 10, 2267-2277.
18. Essa Ajmi Alodeani, Mohammad Asrar Izhari e Mohammad Arshad, European Journal of Biomedical and Pharmaceutical Sciences, 2014, 1 (3), 504-527.
19. W. B. Parker, Chem. Rev. 2009, 109, 2880.
20. Essa Ajmi Alodeani, Mohammad Arshad, Mohammad Asrar Izhari. Jornal Americano de Investigação em Tecnologia Farmacêutica, 2015, 5(6), 150-158.
21. Khalid Karrouchi, Smaail Radi Youssef Ramli, Jamal Taoufik, Yahia N. Mabkhot, Faiz A. Al-aizari, Mohammed Ansar, Molecules 2018, 23, 134.
22. Zhang H-Z, Zhao Z-L, Zhou C-H. Jornal Europeu de Química Medicinal. 2018; 144; 444-492.
23. Abhale Y. K, Sasane A. V, Chavan A. P, Shekh S. H, . Deshmukh K. K, Bhansali S, et al. Jornal Europeu de Química Medicinal. 2017; 132; 333-340.
24. Moraski G. C, Chang M, Villegas-Estrada A, Franzblau SG, Möllmann U, Miller M. Chih-Hua Tseng, Chun-Kuang Lin ,Yeh-Long Chen ,Chin-Kai Tseng ,Jar-Yu Lee ,Jin-Ching Lee. Jornal Europeu de Química Medicinal. 2018; 143: 970-982.
25. Seenaiah D, P. Ramachandra Reddy ,G. Mallikarjuna Reddy ,A. Padmaja ,V. Padmavathi ,N. Siva krishna. Jornal Europeu de Química Medicinal. 2014; 77: 22 1-7.
26. Jie Zhou ,Jing Jin ,Yi Zhang ,Yuwen Yin ,Xiaoguang Chen ,Bailing Xu. Jornal Europeu de Química Medicinal. 2013; 68: 222-232
27. Bernhard Biersack, Katharina Effenberger, Sebastian Knauer, Matthias Ocker, Rainer Schobert. Jornal Europeu de Química Medicinal. 2010; 45: 4890-4896.
28. Atul Kumar, Pervez Ahmad, Ram Awatar Maurya, A.B. Singh, Arvind K. Srivastava. Jornal Europeu de Química Medicinal. 2009; 44: 109-116.
29. G Mariappan, B P Saha, Sriparna Datta, Deepak Kumar e P K Haldar. J. Chem. Sci. 2011; 123: 335-341,
30. Semenyuta I, Kovalishyn V, Tanchuk V, Pilyo S, Zyabrev V, Blagodatnyy V et. al. Comput Biol Chem. 2016; 65:8-15.

31. Donthamsetty V. Sowmya, Shaik Sharafuddin Basha, Palampalli Uma Maheswari Devi, Yerraguravagari Lavanyalatha, Adivireddy Padmaja, Venkatapuram Padmavathi. Investigação em Química Medicinal. 2017; 26: 1010-1021.
32. Mohamed F. El Shehry , Mostafa M. Ghorab b , Samir Y. Abbas, Eman A. Fayed, Said A. Shedid, Yousry A. Ammar. Derivados de quinoleína com uma fração de pirazol: Síntese e avaliação biológica como possíveis agentes antibacterianos e antifúngicos European Journal of Medicinal Chemistry 143 (2018) 1463-1473.
33. A. Padmaja, T. Payani, G. Dinneswara Reddy, V. Padmavathi. Síntese, actividades antimicrobianas e antioxidantes de pirazóis substituídos, isoxazóis, derivados de pirimidina e tioxopirimidina. Jornal Europeu de Química Medicinal 44 (2009) 4557-4566.
34. Bahubali M. Chougala, S. Samundeeswari, Megharaja Holiyachi, Lokesh A. Shastri, Suneel Dodamani, Sunil Jalalpure, Sheshagiri R. Dixit, Shrinivas D. Joshi, Vinay A. Sunagar. Síntese, caraterização e estudos de acoplamento molecular de derivados substituídos de 4-cumarinilpirano [2,3-c] pirazol como potentes agentes antibacterianos e anti-inflamatórios European Journal of Medicinal Chemistry 125 (2017) 101-116.
35. ***Omaima G. Shaabana, Doaa A.E. Issac, Alaa A. El-Tombary, Shrouk M. Abd El Wahab, Abeer E. Abdel Wahab, Ibrahim A. Abdelwaha.Síntese e estudo de docagem molecular de alguns derivados de 3,4-dihidrotieno [2,3-d] pirimidina como potenciais agentes antimicrobianos. Química Bioorgânica, Volume 88, julho de 2019, 102934.***
36. Essa Ajmi Alodeani, Mohammad Arshad, Mohammad, Asrar Izhari. Asian Pac J Trop Biomed 2015, 5(8), 676-683.
37. Essa Ajmi Alodeani, Mohammad Arshad, Mohammad Asrar Izhari, Asian Pac. J. Health Sci., 2015, 2 (2), 41-47.
38. Essa Ajmi Alodeani, Mohammad Arshad, Mohammad Asrar Izhari. Jornal Europeu de Investigação Farmacêutica e Médica 2015, 2(6), 296-301.
39. Mohammad Arshad, Mohd Shadab, Jornal Europeu de Investigação Farmacêutica e Médica, 2017, 4(3), 364-368.
40. Mohammad Arshad, Mohd Shadab, Jornal Europeu de Investigação Farmacêutica e Médica, 2017,4(4), 447-454).
41. Mohammad Arshad, Jornal Europeu de Investigação Farmacêutica e Médica, 2017, 4 (12), 511-517.
42. Mohammad Arshad, Revista Internacional de Ciências Farmacêuticas e Investigação, 2018, 9, 12-19.
43. Mohammad Arshad, Jornal Internacional de Ciências Farmacêuticas e Pesquisa, 2018, 9, 35-41.
44. Mohammad Arshad, Abdul Roouf Bhat, Kwon Kang Hoi, Inho Choi, Fareeda Athar, Chinese Chemical Letters, 2017, 28 (7), 1559-1565.
45. Noor e Iram, Mohd Shoeb Khan, Reshma Jolly, Mohammad Arshad, Mahboob Alam, Parvez Alam, Rizwan Hasan Khan, Farha Firdaus, Journal of Photochemistry and Photobiology B: Biology. 2015, 153, 20-32.
46. Abdul Kareema, Laxmi, Mohammad Arshad e Nahid Nishat. Jornal de Fotoquímica e Fotobiologia B: Biologia. 2016, 160, 163-171.
Shahab A. A. Nami, Mohammad Arshad, Mohammad Shakir, Mohd Shoeb Khan, Mahboob Alam, Dong-Ung Lee, Soonheum Park, Nursabah Sarikavakli, Polymers for advanced technology, 2015, 26 (12), 1627-1638.
47. Rani Bushra, M. Shahadat, Meraj Alam Khan, R. Adnan, Mohammad Arshad, M. Rafatullah e Mu. Naushad, Int. J. Env. Sci. Technol. 2015, 12 (11), 3635-3642.

Shahab A. A. Nami, Mohd Shoeb Khan, Mohammad Arshad, Mo Aquib Raza e Imran Khan, Polymers for advanced technology, 2017, 28, 10-19.

48. Mohammad Arshad, Tazeem, A R Bhat, Fareeda Athar, Jornal de Ciências Naturais, Biologia e Medicina, 2011, 2 (2), 1-156.
49. Pattan Sirajuddin Nayab, Rizwan Arif, Mohammad Arshad e Rahisuddin, Heterocyclic letters, 2015, 5 (2), 223-239.
50. Tazeem, Mohammad Arshad, A R Bhat, Fareeda Athar, Journal of Natural Science, Biology and Medicine, 2011, 2 (2), 1-156.
51. Tuhfa, Mohammad Younus Wani, Mohammad Arshad, Tazeem, Fareeda Athar, Journal of Natural Science, Biology and Medicine, 2011, 2 (2), 1-156.
52. Morris GM, Goodsell DS, Halliday RS, Huey R, Hart WE, Belew RK, et al. 1998. Automated docking using a Lamarckian genetic algorithm and an empirical binding free energy function. J. Comput. Chem. 19, 1639-62.
53. Mouilleron S, Badet-Denisot MA, Golinelli-Pimpaneau B. 2008. A ordenação da ansa C-terminal e dos domínios da glutaminase da glucosamina-6-fosfato sintase promove a abertura do anel de açúcar e a formação do canal de amoníaco. J Mol Biol. 377(4), 1174-85.
54. Trott, O., A. J. Olson. 2010. AutoDock Vina: melhorando a velocidade e a precisão da acoplagem com uma nova função de pontuação, otimização eficiente e multithreading. J. Comput. Chem. 31, 455-461.
55. Gupta, M. K.; Neelakantan, T.V.; Sanghamitra, M.; Tyagi, RK.; Dinda, A.; Maulik, S.; Mukhopadhyay, CK.; Goswami, SK.; Uma avaliação do papel das espécies reactivas de oxigénio e da sinalização redox na apoptose induzida pela norepinefrina e na hipertrofia dos mioblastos cardíacos H9c2. *Antioxid. Redox Signal*, 2006, 8, 1081-1093.
56. Mosmann, T.; Ensaio colorimétrico rápido para o crescimento e sobrevivência celular: Aplicação a ensaios de proliferação e citotoxicidade. *J. Immunol. Methods*, 1983, 65, 55. https://doi.org/10.1016/0022-1759(83)90303-4

Capítulo 5:
Uma visão do triazol obtido sinteticamente com numerosas actividades biológicas

1. INTRODUÇÃO:

O triazol, uma estrutura anelar de cinco membros composta por três átomos de azoto e dois átomos de carbono, é utilizado como intermediário na síntese de produtos farmacêuticos. Existem dois isómeros possíveis de triazóis **(1, 2, 3-triazol e 1, 2, 4-triazol)** que apresentam tautomerismo, dependendo da posição do átomo de hidrogénio, como se mostra na **Figura-1.**[1,2]

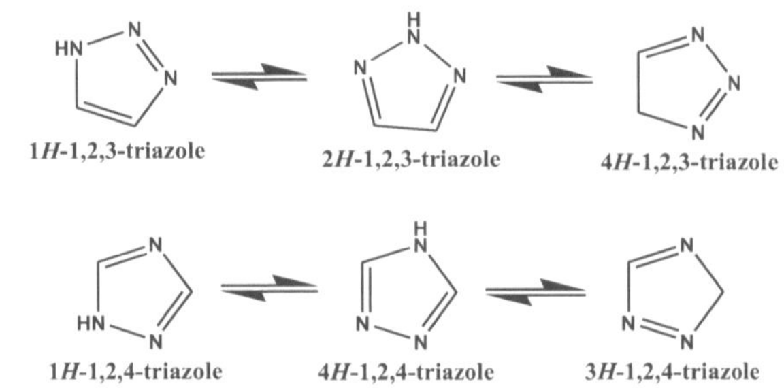

Figura-1

A atividade farmacológica dos 1,2,4-triazóis tem sido amplamente explorada. Assim, os compostos que possuem esse anel apresentam actividades anti-HIV, anti-HBV[3] , antibacteriana[4-6] , antitumoral[7] , anti-inflamatória[8] , antiviral[9,10] , estimulante do SNC[11] , antifúngica[12,13] e antituberculose[14] . Além disso, o núcleo 1,2,4-triazol encontra-se em muitos medicamentos, como o anastrozol, o estazolam, a ribavirina e o triazolam. O anastrozol é utilizado para o tratamento do cancro da mama após cirurgia e para metástases em mulheres pós-menopáusicas.[15,16] O estazolam e o triazolam têm propriedades ansiolíticas, anticonvulsivantes, sedativas e relaxantes do músculo esquelético.[17-19] A ribavirina é um medicamento antiviral para a infeção grave por RSV (individualmente), a infeção por hepatite C e outras infecções virais.[20-22] Existem vários medicamentos atualmente disponíveis que contêm núcleos triazólicos. **A Figura 2** representa a estrutura de alguns medicamentos 1,2,4-triazólicos selecionados, como o estazolam, o anastrazol, a ribavirina e o triazolam.

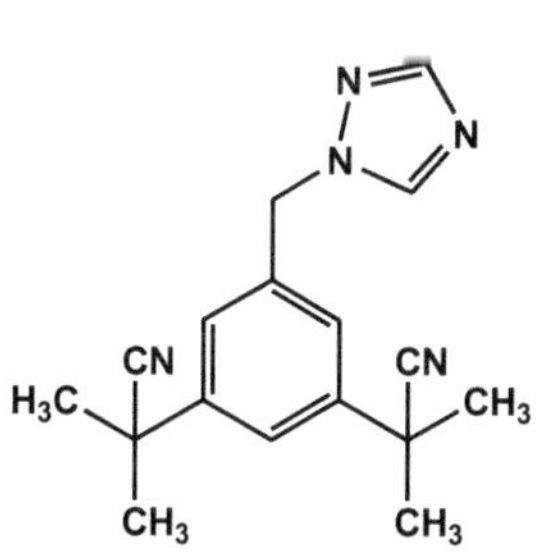

Estazolam

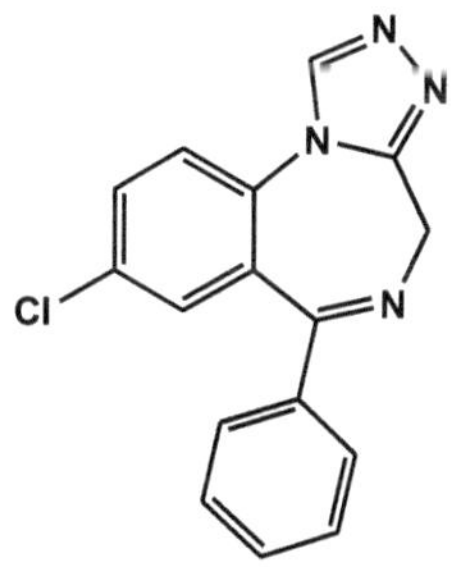

Anastrazole

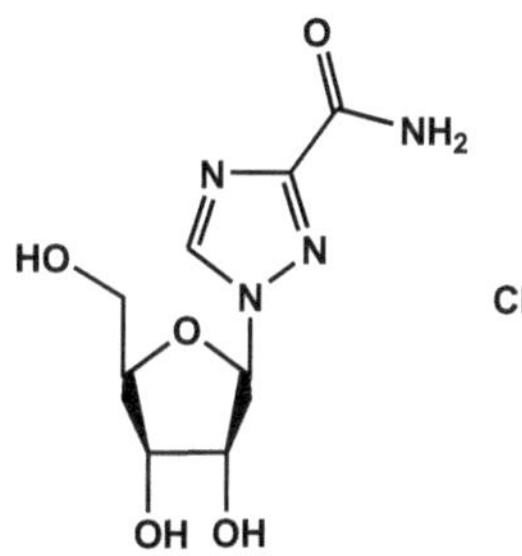

Ribavirin

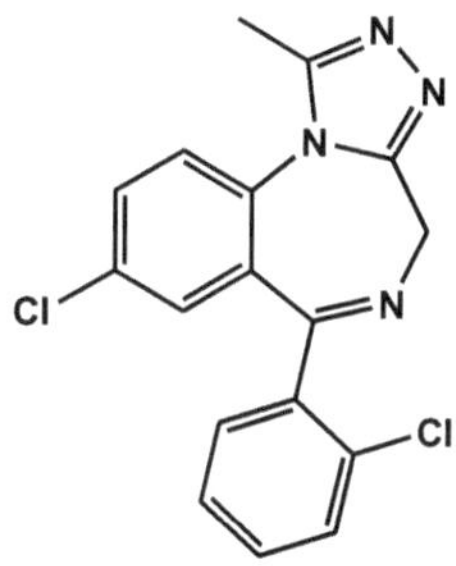

Triazolam

Figure-2

2. REVISÃO DA LITERATURA:

M. Koparir et al.[23] relataram a síntese e as actividades biológicas de alguns novos aminometil

Derivados de 4-substituídos-5-(2-tienil)-2,4-dihidro-3H-1,2,4-triazol-3-tiões. O estudo da atividade antimicrobiana revelou que todos os compostos testados apresentaram boas actividades antibacterianas e antifúngicas contra estirpes patogénicas. A relação entre a estrutura e a atividade biológica dos compostos do título mostrou que a presença de grupos tienilo e de grupos biologicamente activos como a morfolina, a 4-benzilpiperazina, a N-metilpiperidina e os grupos trifluorometilfenilpiperazina ligados ao anel triazólico dos compostos do título são responsáveis por uma boa atividade antimicrobiana. Foi observada uma correlação semelhante para a atividade antioxidante. Todos os compostos melhoraram consideravelmente a sua atividade em comparação com os precursores. Por conseguinte, a significativa atividade antifúngica, antibacteriana e antioxidante dos compostos pode dever-se à presença de morfolina, N-metilpiperidina e piperazina, para além dos grupos tienilo, fenilo, metilo, etilo e alilo **Figura-3**.

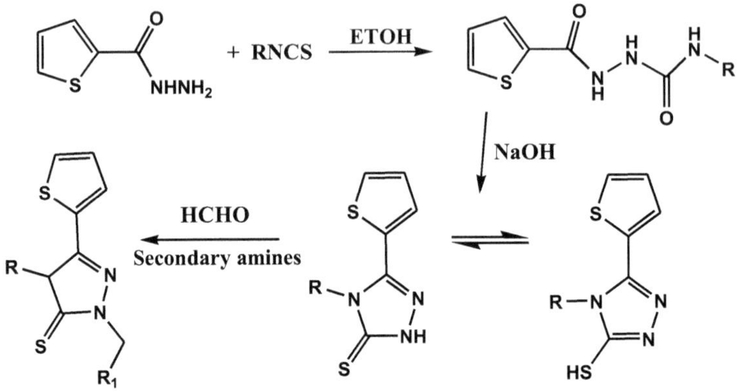

Figure-3

T. Plech et al.[24] sintetizaram alguns derivados de 4-alquil-1,2,4-triazol e também observaram o efeito do tamanho do fragmento de alquil na atividade anticonvulsiva. Foi elaborado um método sensível e seletivo para a determinação dos níveis dos compostos anticonvulsivos no tecido cerebral de ratinhos, baseado em HPLC com detetor de díodos (DAD). Os derivados de 4-alquil-1,2,4-triazol-3-tiona mostraram uma atividade anticonvulsiva significativa, determinada no teste de convulsão máxima induzida por eletrochoque (MES). Observou-se que a introdução de um substituinte alquílico na posição N-4 conduz a compostos farmacologicamente activos. O efeito anticonvulsivo dos compostos sintetizados contra as convulsões máximas induzidas por eletrochoque em ratos foi superior ao do valproato. Os testes cromatográficos permitem afirmar que a falta de permeabilidade através da barreira hemato-encefálica foi a razão da falta de atividade de alguns compostos desta série **Figura-4**.

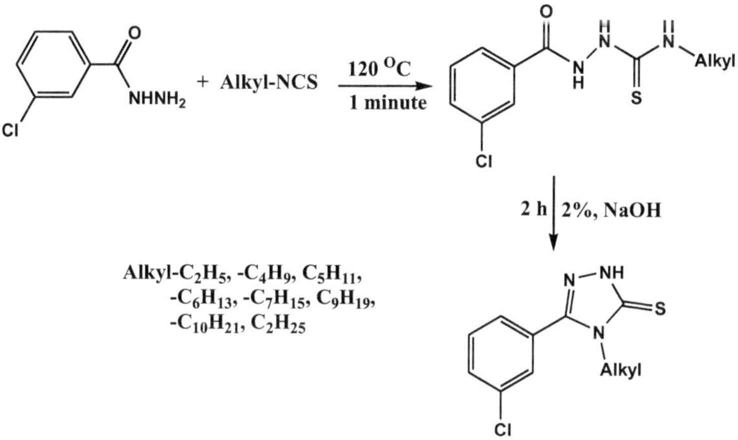

Figure-4

H. Elamari et al.[25] relataram a síntese e a avaliação in vitro da potencial atividade anticancerígena de derivados mono e bis-1,2,3-triazol de bis-alcinos [**Figura-5**] e compararam o resultado das suas actividades anticancerígenas. Os resultados revelaram que alguns dos produtos sintetizados apresentaram uma atividade notável contra células de melanoma B16. Curiosamente, um dos bis-alcinos foi muito potente, bem como um bis-triazol preparado a partir de outro mono-triazol menos ativo. Foi formulada uma tentativa de SAR como ponto de partida, com o objetivo de compreender melhor o substituinte necessário para a atividade biológica nesta série de compostos. Ao considerar os resultados inesperados obtidos para os derivados de mono- e bis-1,2,3-triazol, parece que a presença de um anel fenilo entre os dois alcinos produziu compostos com actividades citotóxicas mais elevadas. No entanto, a presença do anel fenílico em si não parece ser a única influência neste aumento dramático da atividade. Assim, parece que a presença de um grupo etinil numa posição meta foi necessária para uma forte atividade. Os aptâmeros de ADN são cada vez mais reconhecidos como candidatos a fármacos. Recentemente, os aptâmeros de ADN que se ligam à trombina surgiram como potentes inibidores da função da trombina. Estas moléculas são agora amplamente estudadas no que respeita ao controlo da coagulação sanguínea.[26]

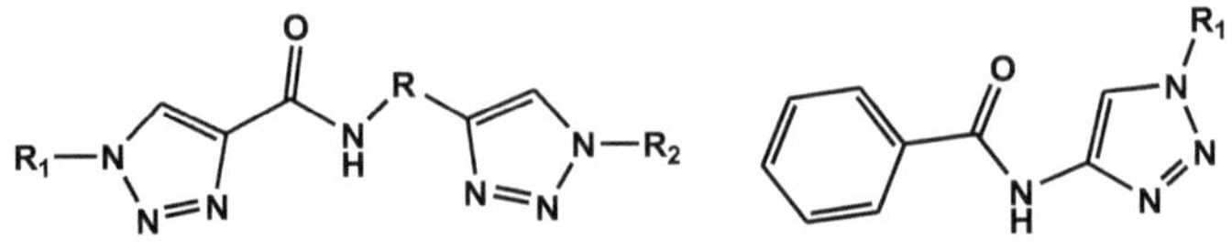

Figure-5

Os anticoagulantes atualmente disponíveis causam efeitos secundários graves, principalmente devido à baixa especificidade ou à ação indireta, e o desenvolvimento de novos anticoagulantes é de grande importância devido à prevalência de doenças cardiovasculares. Por conseguinte, A. M. Varizhuk et al.[27] sintetizaram uma série de aptâmeros de ADN com ligações internucleotídicas de triazol que se ligam à trombina. Os novos aptâmeros eram estruturalmente análogos aos conhecidos G-quadruplexes inibidores de trombina TBA15 e TBA31. A estabilidade da estrutura secundária, a afinidade de ligação à trombina e os efeitos anticoagulantes dos aptâmeros modificados com triazol foram medidos. Uma modificação na ansa central do quadruplex do aptâmero resultou numa maior resistência à nuclease e numa eficiência de inibição semelhante à do TBA15. O provável modo de ligação entre o aptâmero e a trombina foi determinado por simulações de dinâmica molecular. Devido à sua atividade relativamente elevada e à maior resistência à digestão por nuclease conferida pelas ligações internucleotídicas de triazol, os novos aptâmeros são uma alternativa promissora aos agentes anticoagulantes baseados em ADN conhecidos **Figura-6**.

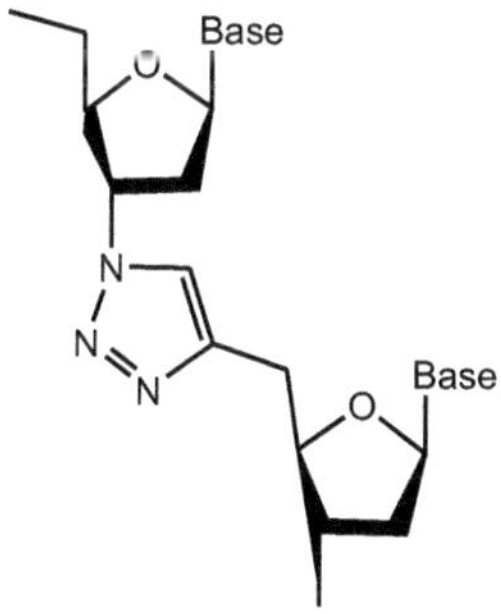

Figure-6

Nos últimos quarenta anos, os análogos dos nucleósidos tornaram-se agentes essenciais para o tratamento de várias doenças infecciosas, como o vírus da imunodeficiência humana (VIH), o vírus da hepatite B (VHB) e o vírus da hepatite C (VHC). O seu mecanismo de ação envolve geralmente a terminação direta ou retardada da cadeia de alongamento do ADN ou ARN viral através da incorporação de análogos de trifosfatos de nucleósidos. No entanto, a utilização de medicamentos nucleósidos tem sido relativamente limitada pela sua toxicidade, pelo desenvolvimento de resistência aos medicamentos e, mais preocupante ainda, pelo facto de alguns doentes recentemente infectados pelo VIH serem portadores de vírus já resistentes ao tratamento atualmente aprovado para a síndrome da imunodeficiência adquirida (SIDA) [28-31].

J. Wu et al.[32] relataram a primeira síntese altamente eficiente de novos análogos 40sdN com o núcleo da porção 1,2,3-triazol na posição 40 através de uma reação CUAAC e a sua atividade anti-HIV-1 foi avaliada in vitro. A avaliação biológica inicial indicou que a maioria destes compostos exibiu uma potente atividade anti-HIV-1 sem citotoxicidade significativa na concentração mais elevada testada até 25 mM. Observou-se que alguns compostos foram considerados extremamente potentes contra a estirpe de tipo alargado do VIH-1 sem citotoxicidade óbvia e merecem um maior desenvolvimento como candidatos a ensaios clínicos anti-SIDA **Figura-7**.[33]

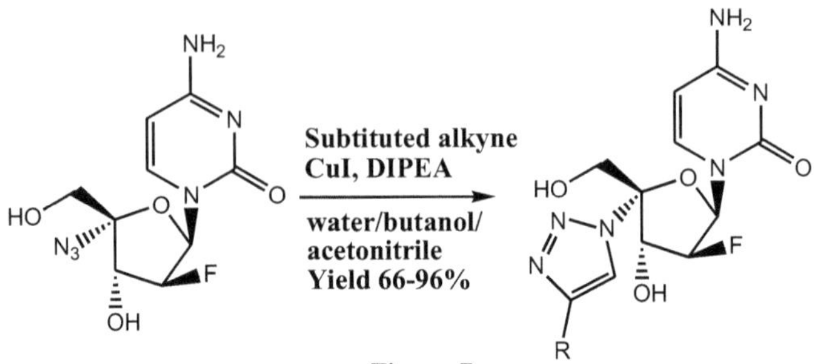

Figure-7

Em busca de novos agentes imunossupressores potenciais com elevada eficácia e baixa toxicidade, P. K. Chinthakindi et al.[34] relataram a síntese de uma nova série de 1,2,3-triazóis derivados da α-Santonina através da reação de cicloadição 1,3-dipolar Azida-Alquino Huisgen entre a aril azida substituída e uma adesmotrosantonina propargilada, que foram bio-avaliados quanto ao seu efeito diminutivo na proliferação de células T induzida por ConA e de células B induzida por LPS. Curiosamente, a maioria dos compostos sintetizados mostrou melhor atividade imunossupressora do que a asantonina **Figura-8**.

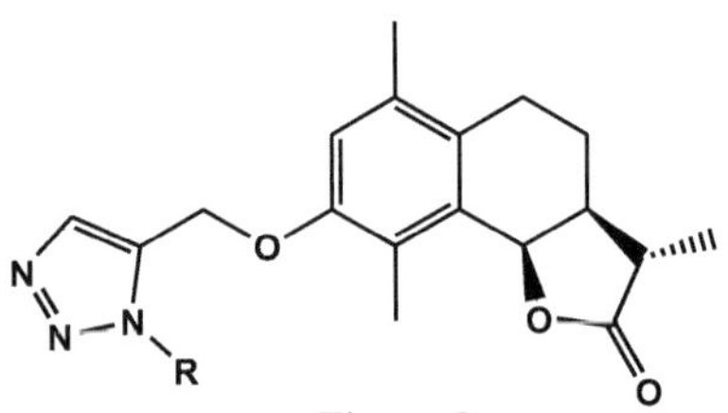

Figure-8

Os fármacos anti-inflamatórios não esteróides (AINE) continuam a ser utilizados no tratamento de muitas doenças reumáticas, mas causam muitos efeitos secundários adversos, sendo os mais importantes as lesões gástricas que podem mais tarde causar ulceração gástrica e levar à morte.[35] Os fármacos com mecanismos de inibição selectiva da COX-1 vs. COX-2[36] têm sido ultimamente utilizados como agentes anti-inflamatórios. S. Haider et al.[37] sintetizaram uma biblioteca focada de novos *bis-heterociclos* que englobam as porções de benzoxazolinona-1,2,3-triazol conjugadas através de uma ligação de metileno e avaliaram-nos quanto à sua atividade anti-inflamatória, antinociceptiva e avaliação do risco ulcerogénico. Alguns compostos exibiram uma potente atividade anti-inflamatória e antinociceptiva sem apresentar qualquer ulceração gástrica **Figura-9**.

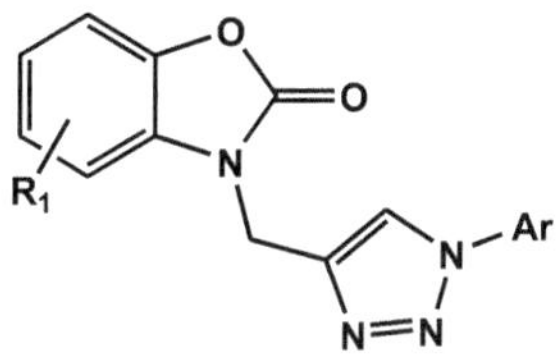

Figure-9

M. C. Joshi et al.[38] relataram a síntese, a atividade antimalárica in vitro, a inibição da β-hematina e as relações estrutura-atividade de uma série de triazóis de quinolina. A atividade antimalárica foi avaliada contra a estirpe D10 sensível à cloroquina *do Plasmodium falciparum*. Os resultados demonstram a viabilidade de produzir análogos hidrofílicos com forte atividade e baixa resistência cruzada com a cloroquina **Figura-10**.

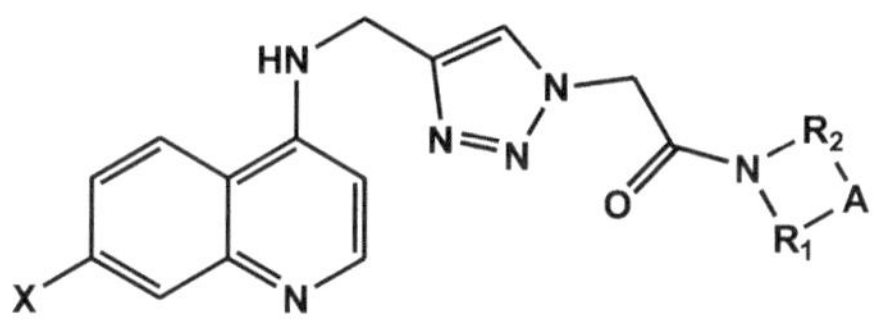

Figure-10

T. Plech et al.[39] referem que uma série de novos híbridos 1,2,4-triazol-ciprofloxacina foi concebida, sintetizada e avaliada in vitro contra bactérias sensíveis e resistentes aos medicamentos. A atividade antibacteriana dos compostos sintetizados foi examinada em relação a bactérias Gram-positivas sensíveis (S. aureus ATCC 25923, *Staphylococcus epidermidis* ATCC 12228, *Bacillus subtilis* ATCC 6633, *Bacillus cereus* ATCC 10876, *Micrococcus luteus* ATCC 10240) e bactérias Gram-negativas (*Escherichia coli* ATCC 25922, *Proteus mirabilis* ATCC 12453, *Pseudomonas aeruginosa* ATCC 9027). Além disso, a investigação também se baseou numa estirpe de S. aureus resistente aos medicamentos (MRSA). A atividade dos compostos sintetizados foi comparada com a atividade da CPX e, no caso da estirpe MRSA, também com a atividade da vancomicina.

Uma parte significativa dos compostos obtidos mostrou uma atividade antibacteriana superior à atividade da CPX, tanto para bactérias Gram positivas como Gram negativas **Figura-11**.

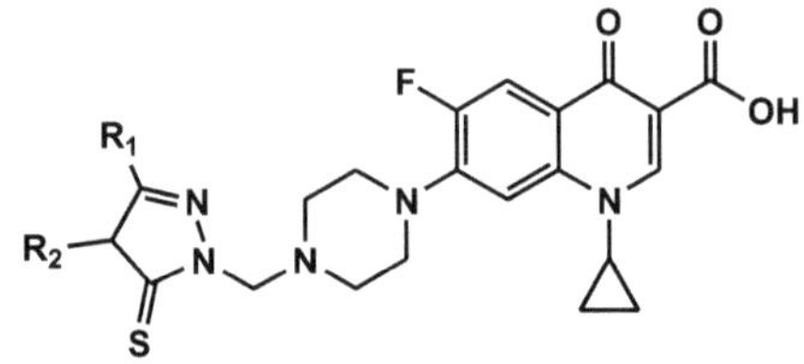

Figure-11

G. S. Hassan et al.[40] relataram a síntese, a avaliação biológica e o estudo de modelação molecular de antifolatos não clássicos - parte 4. 5-(2-Aminothiazol-4-yl)-4-phenyl-4H-1,2,4-triazole-3-thiols como uma nova classe de inibidores de DHFR **Figura-12**. R. Raj et al.[41] prepararam vinte e dois triazóis diferentes e examinaram as relações estrutura-atividade (SAR) anti-Trichomonas vaginalis no âmbito da família de conjugados β-lactameisatinetriazol.

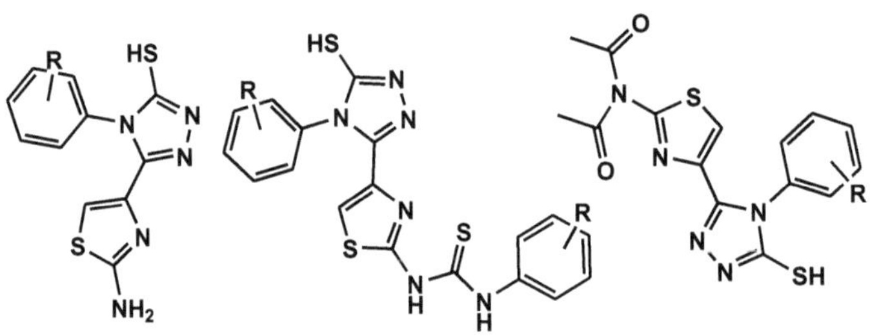

Figure-12

A atividade in vitro contra *T. vaginalis* foi determinada a 10 e 100 mM para cada composto, com dezoito dos híbridos sintetizados a mostrarem 100% de inibição do crescimento a 100 mM, **Figura-13**.

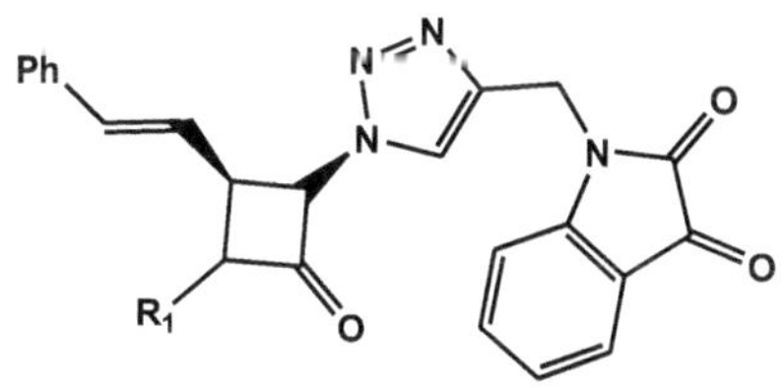

Figure-13

A doença de Alzheimer (DA) é uma doença neurodegenerativa progressiva acompanhada de declínio da memória, défice cognitivo e desorientação visual-espacial para a qual não existe atualmente nenhum tratamento eficaz. A análise post-mortem do cérebro de doentes com DA revela a formação extensiva de emaranhados neurofibrilares da proteína tau e de placas amilóides. Supõe-se que a serina/treonina quinase cdk5, juntamente com o seu cofator p25 (ou o cofator mais longo, p35), hiperfosforilam a tau, levando à formação de filamentos helicoidais emparelhados e à deposição de emaranhados neurofibrilares citotóxicos, sendo assim responsáveis por doenças neurodegenerativas como a doença de Alzheimer, a doença de Parkinson, o acidente vascular cerebral ou a doença de Huntington.[42-44]

M. Shiradkar et al.[45] referem que foi revelada uma nova série de inibidores da cdk5/p25 com triazolil tiofeno em forma de clube, potencialmente útil para o tratamento da doença de Alzheimer. A avaliação da SAR de substituição dentro desta série permitiu a identificação de uma gama de compostos que reduzem significativamente a cdk5/p25 cerebral e, por conseguinte, têm potencial como possíveis tratamentos para a doença de Alzheimer **Figura-14**.

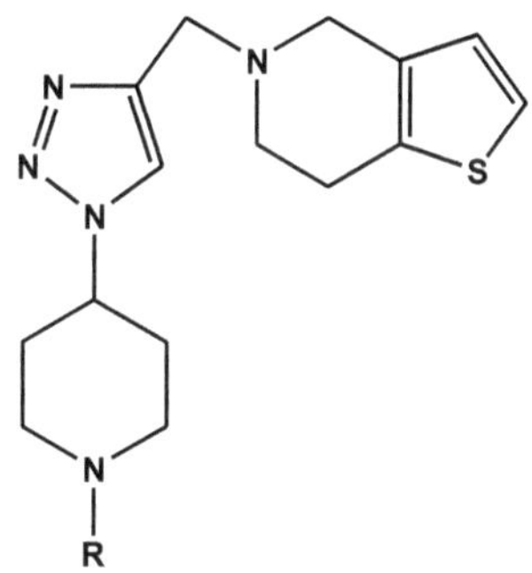

Figure-14

S. N. Darandale et. al.[46] relataram a nova amálgama de 1,2,3-triazóis, piperidinas, anéis de tieno piridina e a avaliação da sua atividade antifúngica. Os compostos sintetizados mostraram uma atividade antifúngica interessante, de moderada a boa, em que foram capazes de discriminar entre as duas espécies *Aspergillus flavus* e *Aspergillus niger* do mesmo género. Além disso, o principal destaque desta série é a sensibilidade da estirpe fúngica *Cryptococcus neoformans* aos compostos com p-clorobenzoil, metano sulfonil e p-metilbenzeno sulfonil ligados ao azoto da piperazina **Figura-15**.

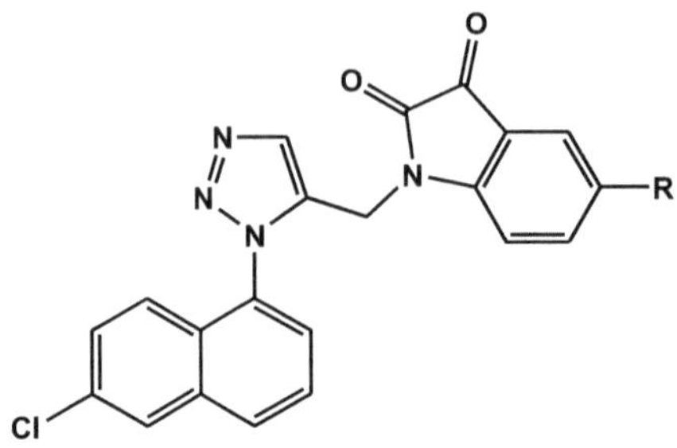

Figure-15

R. Raj et al.[47] relataram a síntese e as actividades antimaláricas de híbridos de 7-cloroquinolina-isatina ligados a 1H-1,2,3-triazol. A atividade contra parasitas cultivados dependia do substituinte C-5 do anel de isatina, bem como do comprimento da cadeia alquílica entre as porções de isatina e 7-cloroquinolina. Os resultados revelaram que alguns dos compostos da série possuíam uma melhor atividade em relação ao fármaco padrão **Figure-16**.

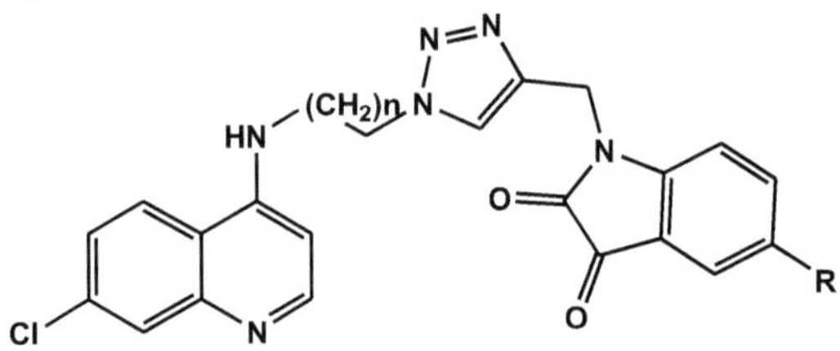

Figure-16

Y-C Duan et al.[48] uma série de novos híbridos de 1,2,3-triazol-ditiocarbamato foi concebida, sintetizada e avaliada quanto à atividade anticancerígena contra quatro linhas de células tumorais humanas selecionadas (MGC-803, MCF-7, PC-3, EC-109). A maioria dos compostos sintetizados apresentou uma atividade moderada a potente contra MGC-803 e MCF-7 **Figura-17**.

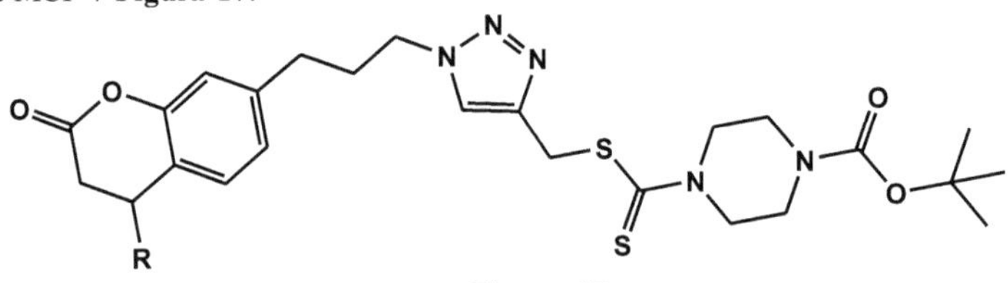

Figure-17

Z. Jiang et al.[49] relataram a descoberta de derivados antifúngicos de triazol altamente potentes por substituição bioisostérica heterociclo-benzeno. Os novos derivados de triazol concebidos têm uma boa atividade antifúngica contra uma vasta gama de fungos patogénicos. O seu modo de ligação com a enzima alvo foi clarificado por docagem molecular **Figura-18**.

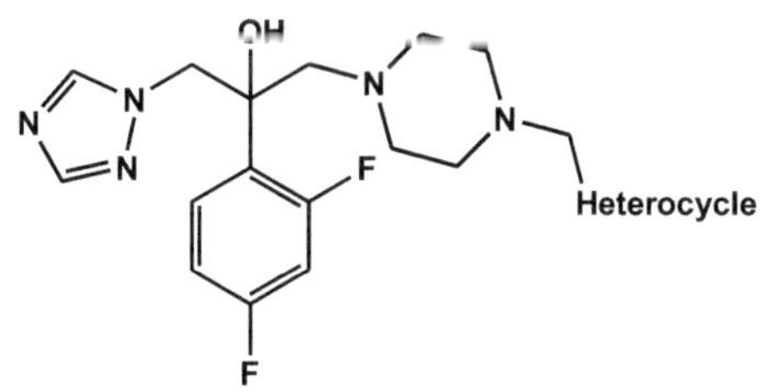

Figure-18

K. Odlo et al.[50] relataram a síntese de 1,5-Disubstituídos 1,2,3-triazoles como análogos cis-restritos da combretastatina A-4 e avaliaram-nos a todos para estudos de citotoxicidade e inibidores da tubulina **Figura-19**.

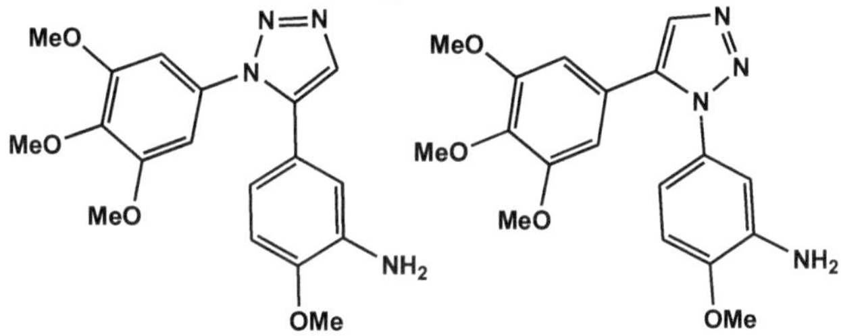

Figure-19

K. Sztanke et al.[51] relataram a síntese de derivados de imidazolina e imidazo[2,1-c][1,2,4]triazol aril contendo o grupo metiltio como possíveis agentes antibacterianos. A determinação da atividade antimicrobiana in vitro dos compostos testados foi realizada utilizando o método de microdiluição, contra bactérias patogénicas, fungos do tipo levedura e bolores foram comparados. Foram utilizados os seguintes microrganismos: *S. aureus* ATCC 25923, *Staphylococcus epidermidis*, *Streptococcus pyogenes*, *Streptococcus agalactiae* (bactérias Gram-positivas), E. coli ATCC 25922, *Pseudomonas aeruginosa*, *Proteus vulgaris*, *Klebsiella pneumoniae*, *Enterobacter aerogenes* (bactérias Gramnegativas), *C. albicans* e *Aspergillus spp* **Figura-20**.

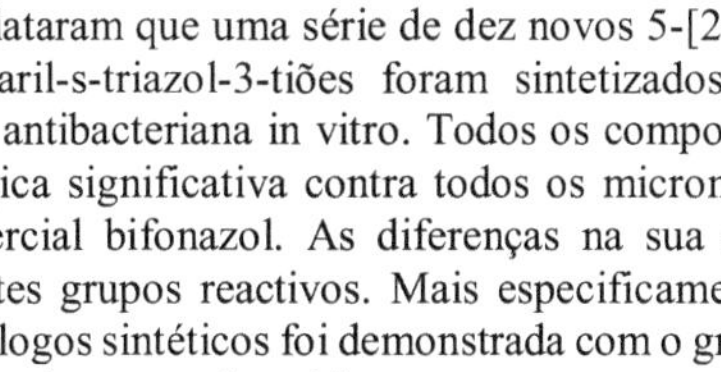

Figure-20

I. R. Ezabadi et al.[52] relataram que uma série de dez novos 5-[2-(sulfamoil substituído)-4,5-dimetoxi-benzil]-4-aril-s-triazol-3-tiões foram sintetizados e avaliados quanto à atividade antifúngica e antibacteriana in vitro. Todos os compostos testados mostraram uma atividade antifúngica significativa contra todos os micromicetes, em comparação com o fungicida comercial bifonazol. As diferenças na sua atividade dependem da substituição de diferentes grupos reactivos. Mais especificamente, a melhor atividade antifúngica entre os análogos sintéticos foi demonstrada com o grupo N-dimetilsulfamoil. Todos os compostos testados contra bactérias mostraram a mesma atividade que o agente comercial estreptomicina, exceto para *Enterobacter cloacce* e espécies de Salmonella. O cloranfenicol apresentou um efeito bactericida inferior ao dos compostos sintéticos. Além disso, é evidente que os diferentes compostos reagiram de formas diferentes contra as bactérias. As bactérias Gram (-) parecem ser mais sensíveis a estes compostos do que as espécies Gram (+). Foi feito um esforço para correlacionar as diferenças de atividade acima mencionadas com estudos de lipofilicidade. Além disso, foi utilizada a modelação molecular para obter as principais caraterísticas conformacionais desta classe de moléculas para futuros estudos de relação estrutura-atividade **Figura-21**.

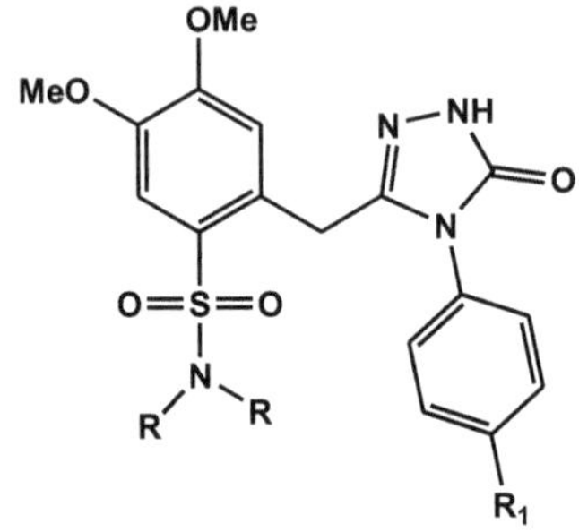

Figure-21

N. Miyamoto et al.[53] descrevem a conceção, a síntese e a avaliação biológica da descoberta de N-[5-({2-[(ciclopropilcarbonil)amino]imidazo[1,2-b]piridazin-6-il}oxi)-2-metilfenil]-1,3-dimetil-1H-pirazol-5-carboxamida (TAK-593). Todos os compostos sintetizados foram avaliados quanto à eficácia do inibidor da quinase VEGFR2. Os resultados revelaram que alguns compostos suprimiram fortemente a proliferação de células endoteliais da veia umbilical humana estimuladas por VEGF **Figura-22**.

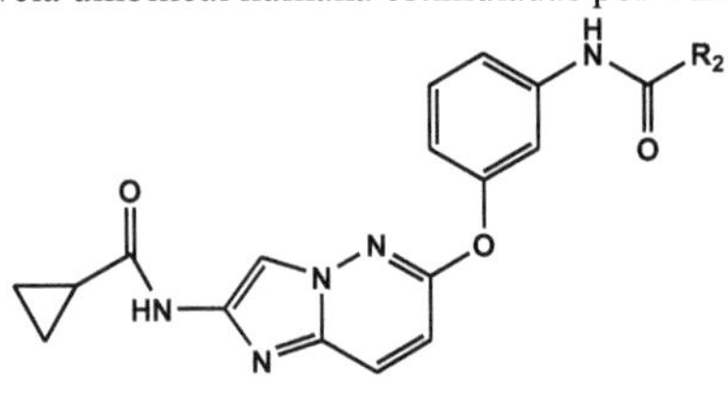

Figure-22

A. I. Mohammed et al.[54] descreveram a síntese de novos derivados de bis-1,2,3-triazol ligados ao éter, baseados em D-glucose, e a medição da atividade antibacteriana destes derivados in vitro contra *Escherichia coli* (-) e *Staphylococcus aureus* (+) **Figura-23**.

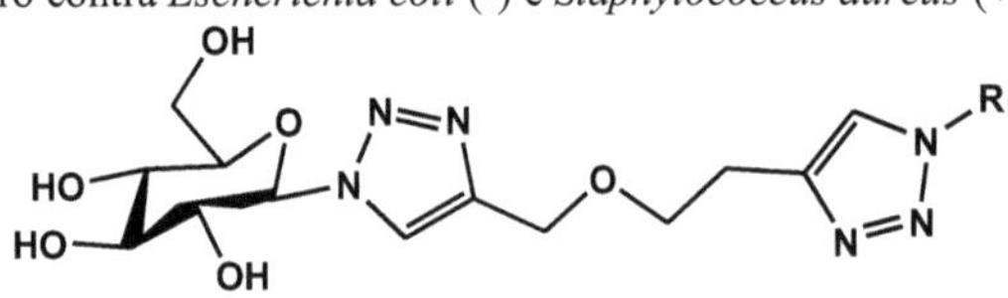

Figure-23

P. B. Miniyar et al.[55] foram sintetizados alguns híbridos de triazol semelhantes ao itraconazol como um novo tipo de agentes antifúngicos. As actividades antifúngicas de todos os compostos foram realizadas contra *Aspergillus niger*, *Penicillium notatum, A. fumigatus* e *Candida albicans*, sendo que seis compostos da série mostraram uma atividade antifúngica notável **Figura-24**.

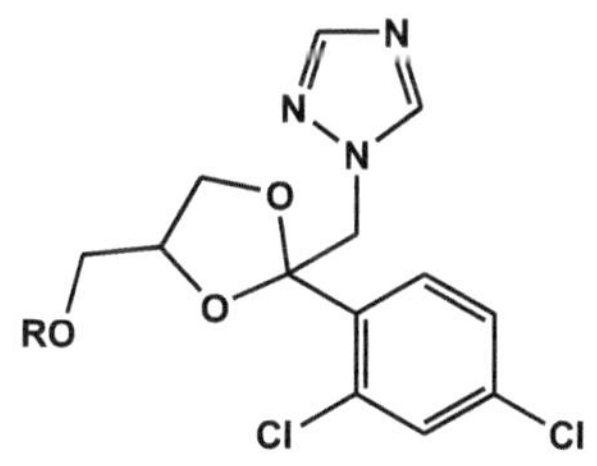

Figure-24

C. P. Kaushik et al.[56] comunicaram que uma série de 1,4-triazóis 1,2,3-dissubstituídos com funcionalidade de éster aromático p-substituído foi sintetizada através da reação de clique catalisada por Cu(I) entre ésteres prop-2-ynil do ácido benzoico p-substituído e azidas alquílicas. Os triazóis sintetizados foram caracterizados por IR, ^{1}H NMR, ^{13}C NMR e técnicas de espetrometria de massa. Estes compostos foram avaliados quanto à sua atividade antimicrobiana contra *Escherichia coli*, *Staphylococcus aureus*, *Bacillus subtilis*, *Pseudomonas aeruginosa*, *Mycobacterium tuberculosis*, *Candida albicans*, *Aspergillus niger e Aspergillus flavus* por duas vezes em série
método de diluição. Alguns dos 1,4-dissubstituídos 1,2,3-triazóis sintetizados possuem actividades antibacterianas, antituberculosas e antifúngicas comparáveis ou mesmo melhores do que os medicamentos de referência contra estirpes bacterianas, micobacterianas e fúngicas testadas, respetivamente **Figura-25**.

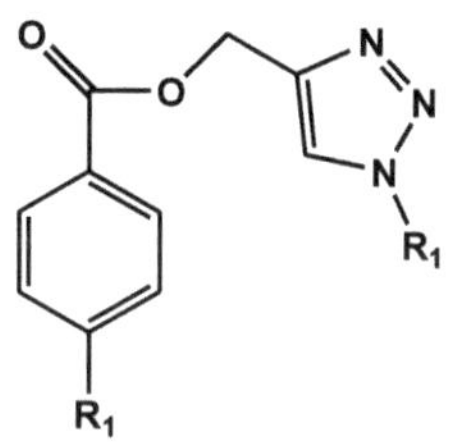

Figure-25

A. El-Badih A.G. Ghattas et al.[57] relataram a síntese de alguns novos derivados de s-triazol e testaram a sua atividade antibacteriana. O efeito inibitório de todos os compostos no crescimento in vitro de um largo espetro de bactérias, representando uma bactéria gram positiva, nomeadamente *Bacillus cereus*, e duas bactérias gram negativas, nomeadamente *Pseudomonas aeruginosa* e *Escherichia coli*, foi avaliado utilizando o método de difusão em ágar (método de copo e placa) **Figura-26**.

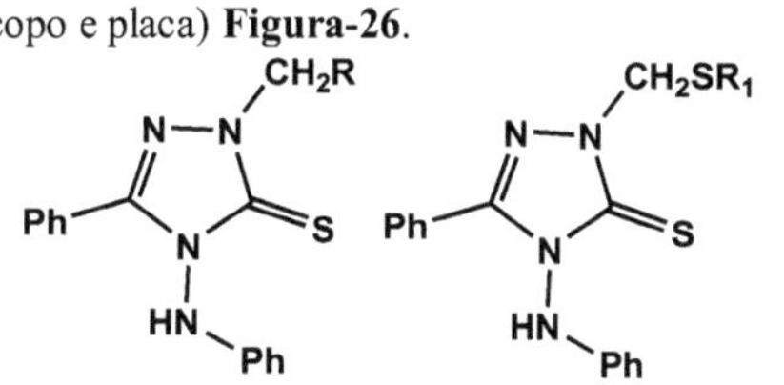

Figure-26

C. M. Bhalgat et al.[58] sintetizaram alguns novos derivados de dihidropirimidinocarbonitrilo e seus derivados fundidos com triazol. Os novos derivados foram caracterizados por dados espectrais e a análise elementar destes compostos foi avaliada quanto ao seu rastreio antioxidante e anti-inflamatório **Figura-27**.

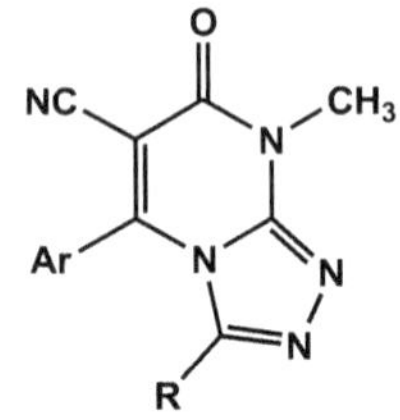

R= H, Ph, CH3

Figure-27

Y. J. Mange et al.[59] relataram uma série de novas bases de Schiff que foram sintetizadas pela condensação de N-[(4-amino-5-sulfanil-4H-1,2,4-triazol-3-il)metil]-4-substituídas-benzamidas com vários aldeídos aromáticos substituídos em mistura de etanol-dioxano utilizando uma quantidade catalítica de ácido sulfúrico. Todos os compostos foram avaliados quanto à sua atividade antibacteriana e antifúngica utilizando o método da Concentração Mínima de Inibição (CMI) pela técnica de diluição em série. Verificou-se que alguns dos compostos eram biologicamente activos **Figura-28**.

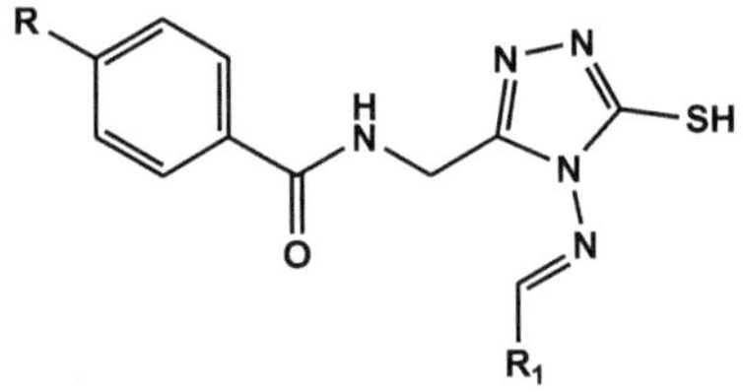

Figure-28

S. Tahlan et al.[60] relataram a síntese, avaliação antimicrobiana, anticancerígena e estudos QSAR de N-benzilideno-4-(2-oxo-2-(4H-1,2,4-triazol-4-il)etilamino)benzohidrazidas **Figura-29**.

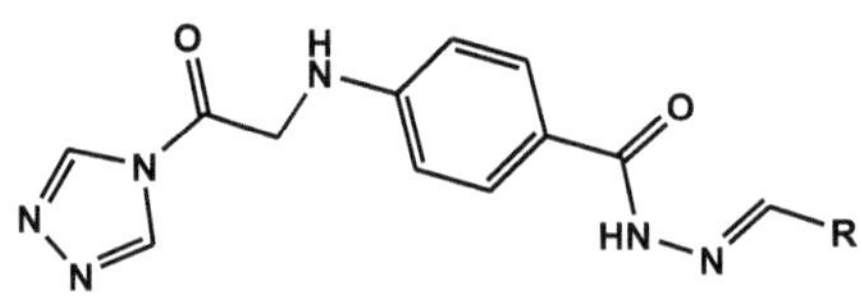

Figure-29

R. D. Hunashal et al.[61] relataram a síntese, a atividade anti-inflamatória e analgésica dos derivados do ácido 2-[4-(benzilidenoamino substituído)-5-(fenoximetil substituído)-4H-1,2,4-triazol-3-il tio] acético **Figura-30**.

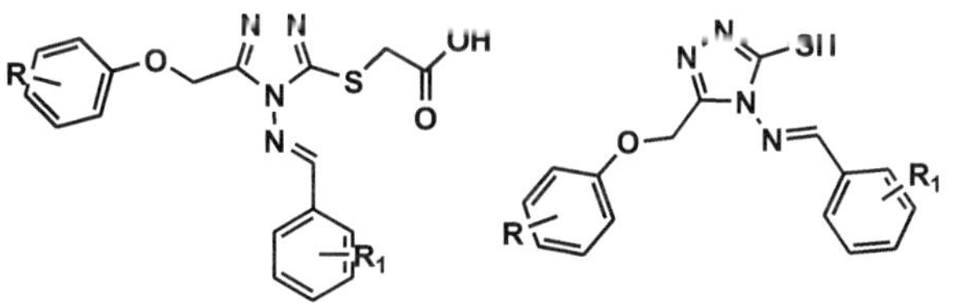

Figure-30

N. S. H. Narayana Moorthy et al.[62] relataram a síntese, a avaliação antifúngica e o estudo in silico de novas bases de Schiff derivadas do 4-amino-5-(3,5-dimetoxifenil)-4H-1,2,4-triazol-3-tiol. A análise de farmacóforos revelou que as caraterísticas aromáticas/hidrofóbicas e aromáticas/aceitadoras/doadoras dos compostos são essenciais para a atividade. A cardiotoxicidade prevista (hERG) e o efeito letal dos compostos sintetizados podem ser investigados em estudos de toxicidade in vivo **Figura-31**.

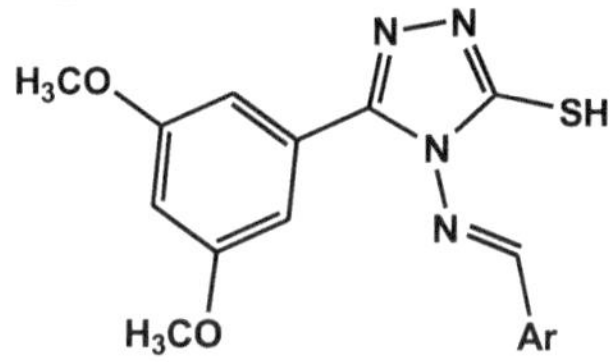

Figure-31

A. Raghunath Saundane et al.[63] relataram a síntese, actividades antimicrobianas e antioxidantes de 2-oxo-6-fenil-2-il-4-(20-fenil-50-substituído 1H-indol-30-il)-1,2-dihidro piridina-3-carbonitrilos e seus derivados. Os compostos foram analisados quanto às suas actividades antioxidante e antimicrobiana **Figura-32**.

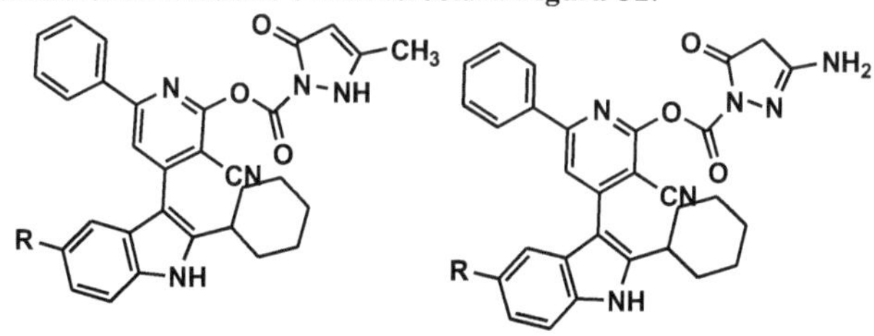

Figure-32

S. Amara et al.[64] relataram uma síntese conveniente e a atividade antibacteriana de aciclo-C-nucleósidos de dupla cabeça a partir de D-glucose não protegida. Os produtos foram testados in vitro contra bactérias gram-positivas *Staphylococcus aureus, Listeria inovanii* e bactérias gram-negativas *Klebsiella pneumoniae, Salmonella sp. e Escherichia* coli e comparados com o antibiótico conhecido: amoxicilina + ácido clavulânico (AMC) e mostraram efeitos variáveis **Figura-33**.

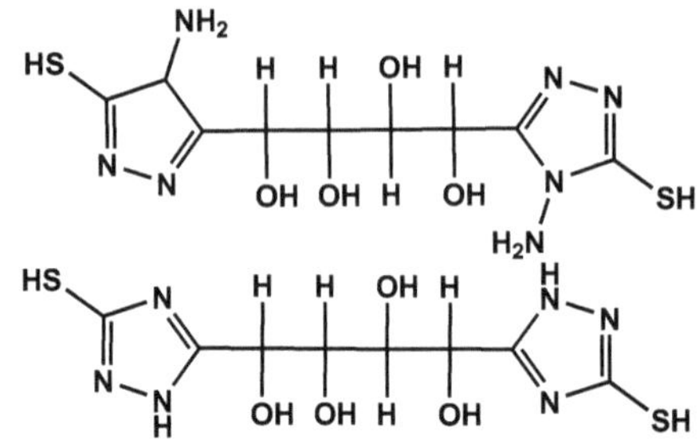

Figure-33

O. zlem Gu rsoy-Kol et al.[65] sintetizaram derivados de 4,5-dihidro-1H-1,2,4-triazol-5-ona e também investigaram utilizando diferentes metodologias antioxidantes, tais como: poder redutor, 1,1-difenil-2-picril-hidrazil (DPPH), eliminação de radicais livres e actividades de quelação de metais **Figura-34**.

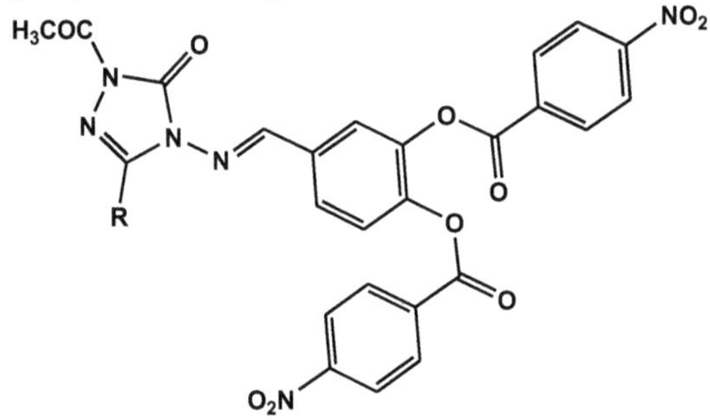

Figure-34

D. Sunil et al.[66] investigaram a propriedade antioxidante in vitro de dois triazolotiadiazóis 6-[3-(4-fluorofenil)-1H-pirazol-4-il]-3-[(2-naftiloxi)metil][1,2,4]triazolo[3,4-b]-[1,3,4]tiadiazol (FPNT) e 6-[3-(4-clorofenil)-1H-pirazol-4-il]-3-[(feniloxi)metil]-[1,2,4]triazolo[3,4 b][1,3,4]tiadiazol (CPPT) por métodos espectrofotométricos de eliminação dos radicais DPPH e ABTS, bem como por ensaio de peróxido lipídico. A atividade anticancerígena, juntamente com o possível mecanismo de ação dos triazolo-tiadiazóis nas células Hep-G2, foi explorada utilizando o ensaio MTT, o ensaio [3H] timidina, a citometria de fluxo e estudos de condensação da cromatina. Tanto o FPNT como o CPPT exibiram um efeito citotóxico dependente da dose na linha celular de carcinoma hepatocelular, HepG2 **Figura-35**.

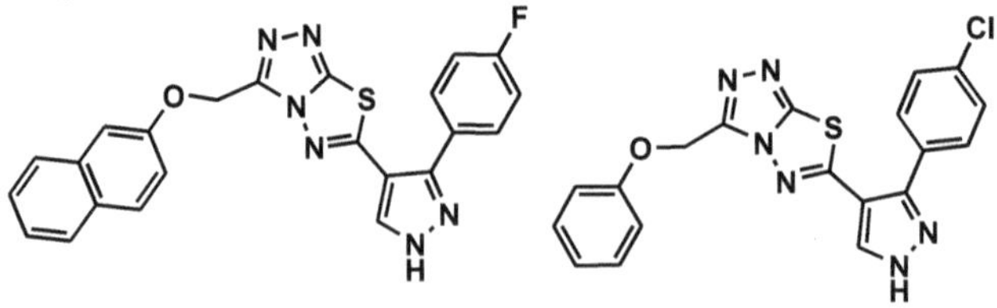

Figure-35

3. CONCLUSÃO:

O potencial farmacológico dos núcleos triazólicos é esclarecido a partir da literatura e de fármacos utilizados clinicamente. A literatura revelou que os núcleos triazólicos possuem um potencial biológico diversificado, rotas sintéticas fáceis para a síntese e atraíram investigadores para o desenvolvimento de novos agentes terapêuticos. No entanto, pode concluir-se que os núcleos triazólicos são amplamente investigados como agentes antimicrobianos, antifúngicos, anti-inflamatórios e anticancerígenos. A partir destas observações, destaca-se a importância do núcleo.

4. Referências:

1. P. Lia e L. Wang: One-Pot Synthesis of 1,2,3-Triazoles from Benzyl and Alkyl Halides, Sodium Azide and Alkynes in Water Under Transition-Metal-Catalyst Free Reaction Conditions. Lett. Org. Chem. 2007; 4: 23-26.
2. R. M. Balabina: Equilíbrio tautomérico e deslocamentos de hidrogénio em tetrazóis e triazóis: Análise do ponto focal e limite ab initio. The Journal of Chemical Physics. 2009; 131: 154-307.
3. A.A. El-Barbary, A.Z. Abou-El-Ezz, A.A. Abdel-Kadder, M. El-Daly, C. Nielsen: Síntese de alguns novos derivados de 4-amino-1,2,4-triazole como potenciais anti-HIV e anti-HBV. Phosphorus, Phosphorus Sulfur Silicon. 2004; 179: 1497-1508.
4. R. El-Sayed: Synthesis, antibacterial and surface activity of 1,2,4-triazole derivatives. Indian J. Chem. 2006; 45B: 738-746.
5. A. Varvarason, A. Tantili-Kakoulidou, T. Siatra-Papastasikoudi, E. Tiligada: Synthesis and biological evaluation of indole containing derivatives of thiosemicarbazide and their cyclic 1, 2, 4-triazole and 1, 3, 4-thiadiazole analogs. Arzneim Forsch. 2000; 50: 48-54.
6. M. Gokce, B Cakir, K Earl, M. Sahin: Síntese e atividade antimicrobiana de [(2-oxabenzotiazolina-3-il)-metil]-4-alquil/aril-1, 2, 4-triazolina-5-tiões. Arch Pharm 2001; 334: 279-283.
7. O. Pintilie, L. Profire, V. Sunel, M. Popa, A. Pui: Synthesis and antimicrobial activity of some new 1,3,4-thiadiazole and 1,2,4-triazole compounds having a D,L-methionine moiety. Molecules. 2007; 12: 103-113.
8. Z. XI, L. LH, J. GY, ZX. Zhon: Síntese, atividade fungicida e QSAR 3D de 1, 3, 4-oxadiazóis e 1, 3, 4-thiadiazóis. J Agric Food Chem. 2002; 50: 3757-3760.
9. H. Chem, Z. Li, Y. Han: Síntese e atividade fungicida contra Rhizoctonia solani de 2-alquil(alquiltio)-5-pirazolil-1,3,4-oxadiazóis (tiadiazóis). J Agric Food Chem. 2000; 48: 5312-5315.
10. H. B. Shavarama, P. K. Narayana, R. B. Sooryanarayana, M. K. Shivananda: Chem. Novos bis-aminomercapto-triazóis e bis-triazolothi-adiazóis como possíveis agentes anticancerígenos. Eur. J. Med. 2002; 37: 511-517.
11. S. Shenone, O. Bruno, A. Ranise, W. Bondavalli, G. Falcone, L. Giordano, M. Vitelli: 3-Arilsulfonil-5-arilamino-1, 3, 4-tiadiazol-2(3H) uns como agentes anti-inflamatórios e analgésicos. Bioorg Med Chem. 2001; 9: 2149-2153.

12. N. G. Todoulou, A. E. Papadaki-Valiraki, S. Ikeda, E. De Clercq: Síntese e atividade antiviral de alguns novos derivados de 1H-1,2,4-triazole. Eur. J. Med. Chem. 1994; 29: 611-620.

13. S. S. Papakonstantinou-Garoufalia, E. Tani, O. Todoulou, A. Papadaki-Valiraki, E. Filippatos, E. De Clercq, P.N. Kourounakis. J. Pharm. Pharmacol. 1998; 50: 117-124.

14. N. D. Heindel, J. R. Reid: *4-Amino-3-mercapto-4H-1*,2,4-triazoles e propargil aldeídos: A new route to *3-R-8-aryl-1*,2,4-triazolo[3,*4-b*]-1,3,4-thiadiazepines. J. Heterocycl. Chem. 1980; 17: 1087-1088.

15. S. Shenone, O. Bruno, A. Ranise, W. Bondavalli, G. Falcone, L. Giordano, M. Vitelli: 3-Arilsulfonil-5-arilamino-1, 3, 4-tiadiazol-2(3H) uns como agentes anti-inflamatórios e analgésicos. Bioorg Med Chem. 2001; 9: 2149-2153.

16. A. Özdemir, G. Turan-Zitouni, Z.A. Kaplancikli, P. Chevallet: J. Enzym. Inhib. Med. Chem. 22 (2007) 511-516. Özdemir A, Turan-Zitouni G, Kaplancıklı ZA, Chevallet P. Síntese de alguns 4-arilidenamino-4H-1,2,4-triazole-3-tióis e sua atividade antituberculose. J Enzym Inhib Med Chem. 22: 511-516, 2007.

17. M. Clemons, R.E. Coleman, S. Verma: Aromatase inhibitors in the adjuvant setting: bringing the gold to a standard? Cancer Treat. Rev. 2004; 30: 325.

18. M. Serdar, N. Gümrükçüoglu, S. Alpay Karaoglu, N. Demirbas: Synthesis of Some Novel 3,5-Diaryl-1,2,4-Triazole Derivatives and Investigation of Their Antimicrobial Activities. Terk. J. Chem. 2007; 31: 315.

19. T. Alkbarzadeh, S.A. Tabatabai, M.J. Khoshnoud, B. Shafaghi, A. Shafiee, Akbarzadeh T, Tabatabai SA, Khoshnoud MJ, Shafaghi B, A. Shafiee: Conceção e síntese de derivados de 4h-3-(2-fenoxi)fenil-1,2,4-triazol como agonistas dos receptores de benzodiazepinas. Bioorg. Med. Chem. 2003; 11: 769-773.

20. A. Almasirad, S.A. Tabatabai, M. Faizi, A. Shafiee, Almasirad A, Tabatabai SA, Faizi M, Kebriaeezadeh A, Mehrabi N, Dalvandi A, A. Shafiee: Síntese e atividade anticonvulsivante de novos 5- [2-(2-fluorofenoxi)fenil]-1,3,4-oxadiazóis e 1,2,4-triazóis 2-substituídos. Bioorg. Med. Chem. Lett. 2004: 14: 6057-6059.

21. A. Brucato, A. Coppola, S. Gianguzza, P.M. Provenzano: [Triazolam: caraterísticas da sua ação depressiva]. Boll. Soc. Ital. Biol. Sper. 1978; 54: 1051.

22. H.H.N. Balfour: Jr. Medicamentos antivirais. J. Med. 1999; 340: 1255.

23. M. Koparir, C. Orek, A. E. Parlak, A. Söylemez, P. Koparir, M. Karatepe, S. D. Dastan: Síntese e atividades biológicas de alguns novos derivados aminometilados de 4-substituídos-5- (2-tienil) -2,4-di-hidro-3H-1,2,4-triazol-3-tionas. Jornal Europeu de Química Medicinal 2013; 63: 340-346.

24. T. Plech, J. J. Luszczki, M. Wujec, J. Flieger, M. Pizo: síntese, caraterização e avaliação anticonvulsivante preliminar de alguns 4-alquil-1,2,4-triazóis. Eur. J. Med. Chem. 2013; 60: 208-215.

25. H. Elamari, R. Slimi, G. G. Chabot, L. Quentin, D. Scherman, C. Girard: Síntese e avaliação in vitro da potencial atividade anticancerígena de derivados mono e bis-1,2,3-triazólicos de bis-alcinos. Eur. J. Med. Chem. 2013; 60: 360-364.

26. R. C. Becker, T. Povsic, M. G. Cohen, C. P. Rusconi, B. Sullenger: Nucleic acid aptamers as antithrombotic agents: opportunities in extracellular therapeutics, Thromb. Haemostasis. 2010; 103(3): 586-595.

27. A. M. Varizhuk, V. B. Tsvetkov, O. N. Tatarinova, D. N. Kaluzhny, V. L. Florentiev, E. N. Timofeev, A. K. Shchyolkina, O. F. Borisova, I. P. Smirnov, S.L. Grokhovsky, A. V. Aseychev, G. E. Pozmogova: Síntese, caraterização e atividade in vitro de aptâmeros de ADN que se ligam à trombina com ligações internucleotídicas de triazol. Eur. J. Med. Chem. 2013; 67: 90-97.

28. N. Shulman, M. Winters: A review of HIV-1 resistance to the nucleoside and nucleotide inhibitors, Curr. Drug Targets Infect. Disord. 2003; 3: 273-281.

29. W. Lewis, B.J. Day, W.C. Copeland: Mitochondrial toxicity of NRTI antiviral drugs: an integrated cellular perspective. Nat. Rev. Drug Discov. 2003; 2: 812-822.

30. J. Martinez-Picado, M. P. De Pasquale, N. Kartsonis, G.J. Hanna, J. Wong, D. Finzi, E. Rosenberg, H.F. Gunthard, L. Sutton, A. Savara, C.J. Petropoulos, N. Hellmann, B.D. Walker, D.D. Richman, R. Siliciano, R.T. D'Aquila: Antiretroviral resistance during successful therapy of HIV type 1 infection. Proc. Natl. Acad. Sci. U. S. A. 2000; 97: 10948-10953.

31. S. J. Little, S. Holte, J. P. Routy, E. S. Daar, M. Markowitz, A. C. Collier, R. A. Koup, J. W. Mellors, E. Connick, B. Conway, M. Kilby, L. Wang, J. M. Whitcomb, N. S. Hellmann, D. D. Richman: Antiretroviral-drug resistance among patients recently infected with HIV. N. Engl. J. Med. 2002; 347: 385-394.

32. J. Wu, W. Yu, L. Fu, W. He, Y. Wang, B. Chai, C. Song, J. Chang: Design, síntese e avaliação biológica de novos nucleósidos de citidina 20-desoxi-20-fluoro-40-triazole como potentes agentes antivirais. Eur. J. Med. Chem. 2013; 63: 739-745.

33. H. Hackstein, A.W. Thomson, Dendritic cells: emerging pharmacological targets of immunosuppressive drugs, Nat. Rev. Immunol. 2004; 4: 24-34.

34. P. K. Chinthakindi, P. L. Sangwan, S. Farooq, R. R. Aleti, A. Kaul, A. K. Saxena, Y.L.N. Murthy, R. A. Vishwakarma, S. Koul: Diminutive effect on T and B-cell proliferation of non-cytotoxic a-santonin derived 1,2,3-triazoles: Um relatório. Eur. J. Med. Chem. 2013; 60: 365-375

35. M. M. Wolfe, D. R. Lichtenstein, G. Singh: Gastrointestinal toxicity of nonsteroidal antiinflammatory drugs. New Engl. J. Med. 1999; 340: 1888.

36. G. Dannhardt, W. Kiefer: Cyclooxygenase inhibitors current status and future prospects. Eur. J. Med. Chem. 2001; 36: 109-126

37. S. Haider, M. S. Alam, H. Hamid, S. Shafi, A. Nargotra, P. Mahajan, S. Nazreen, A. M. Kalle, C. Kharbanda, Y. Ali, A. Alam, A. K. Panda: Síntese de novas Benzoxazolinonas à base de 1,2,3-triazol: Seu Docking Molecular baseado em TNF-α com atividades antiinflamatórias, antinociceptivas in vivo e avaliação de risco ulcerogênico. doi: 10.1016 / j.ejmech.2013.10.032.

38. M. C. Joshi, K. J. Wicht, D. Taylor, R. Hunter, P. J. Smith, T. J. Egan: Atividade antimalárica in vitro, inibição da β-hematina e relações estrutura-atividade numa série de triazóis de quinolina. Eur. J. Med. Chem. 2013; 69: 338-347.

39. T. Plech, M. Wujec, U. Kosikowska, A. Malm, B. Rajtar, M. Polz-Dacewicz: Síntese e atividade in vitro de híbridos de 1,2,4-triazol-ciprofloxacina contra bactérias sensíveis e resistentes a medicamentos. Eur. J. Med. Chem. 2013; 60: 128-134

40. G. S. Hassan, S. M. El-Messery, F. A.M. Al-Omary, S. T. Al-Rashood, M. I. Shabayek, Y. S. Abulfadl, El-Sayed E. Habib, S. M. El-Hallouty, W. Fayad, K. M. Mohamed, B. S. El-Menshawi, H. I. El-Subbagh: Nonclassical antifolates, part 4. 5-(2-Aminothiazol-4-yl)-4-phenyl-4H-1,2,4-triazole-3-thiols como uma nova classe de inibidores de DHFR: Síntese, avaliação biológica e estudo de modelação molecular. Eur. J. Med. Chem. 2013; 66: 135-145.

41. R. Raj, P. Singh, N. T. Haberkern, R. M. Faucher, N. Patel, K. M. Land, V. Kumar: Síntese de híbridos bifuncionais de b-lactameisatina ligados a 1H-1,2,3-triazol e análise preliminar da atividade in vitro contra o parasita protozoário Trichomonas vaginalis. Eur. J. Med. Chem. 2013; 63: 897-906

42. LF Lau, JB Schachter, PA Seymour, MA Sanner: Tau protein phosphorylation as a pherapeutic parget in Alzheimer's piseasease. Curr Top Med Chem. 2002; 7:395-415.

43. H. Tomoko, U. Masashi, O. Eiichi, Taro Saito, I. Koichi, U. Tsuneko, O. Akira, K. Takeo: Evidence for cdk5 as a Major Activity Phosphorylating Tau Protein in Porcine Brain Extract. J. Biochem. 1995; 117(4): 741-749.

44. J. H. Christopher, A. S. Mark, B. C. Christopher, G. Thomas, A. Mavis, C. L. John, K. Zhijun, K. Stanley, K. A. Michael, T. Bonnie, S. M. Frank, K. Kristin, P. Marcia. Bioorg. Med. Chem. Lett. 2004; 14: 5521-5525.

45. M. Shiradkar, J. Thomas, V. Kanase, R. Dighe: Estudo do sinergismo de tiofenos de ciclohexilo ligados a metilo com triazol: Síntese e sua atividade de inibição de cdk5/p25. Eur. J. Med. Chem. 2011; 46: 2066-2074.

46. S. N. Darandale, N. A. Mulla, D. N. Pansare, J. N. Sangshetti, D. B. Shinde: Uma nova amálgama de anéis de 1,2,3-triazóis, piperidinas e tienopiridinas e avaliação da sua atividade antifúngica. Eur. J. Med. Chem. 2013; 65: 527-532.

47. R. Raj, P. Singh, P. Singh, J. Gut, P. J. Rosenthal, V. Kumar, Cicloadição azida-alquina a caminho de quimeras de 1H-1,2,3-triazol-etered-7-cloroquinolina-isatina: Síntese e avaliação antimalárica. Eur. J. Med. Chem. 2013; 62: 590-596

48. Ying-Chao Duan, Yong-Cheng Ma, En Zhang, Xiao-Jing Shi, Meng-Meng Wang, Xian-Wei Ye, Hong-Min Liu, Conceção e síntese de novos híbridos 1,2,3-triazole-dithiocarbamate como potenciais agentes anticancerígenos, Eur. J. Med. Chem. 2013; 62: 11-19

49. Zhigan Jiang, Yan Wang, Wenya Wang, Shengzheng Wang, Bo Xu, Guorong Fan, Guoqiang Dong, Yang Liu, Jianzhong Yao, Zhenyuan Miao, Wannian Zhang, Chunquan Sheng, Eur. J. Med. Chem. 2013; 64: 16-22.

50. K. Odlo, J. Hentzen, J. F. dit Chabert, S. Ducki, O. A. B. S. M. Gani, I. Sylte, M. Skrede, V. A. Flørenesd e T. V. Hansen: 1,5-Disubstitued 1,2,3-triazoles as cis-restricted analogues of combretastatin A-4: Synthesis, molecular modelling and evaluation as cytotoxic agents and inhibitors of tubulin. Bioorg. Med. Chem. 2008; 16: 4829-4838.

51. K. Sztanke, K. Pasternak, A. Sidor-Wo' jtowicz, J. T.'skac e K. Jo'z'wiakd: Síntese de derivados de imidazolina e imidazo[2,1-c][1,2,4]triazole aril contendo o grupo metiltio como possíveis agentes antibacterianos. Bioorg. Med. Chem. 14 (2006) 3635-3642.

52. I. R. Ezabadi, C. Camoutsis, P. Zoumpoulakis, A. Geronikaki, M. Sokovic, J. Glamocˇilijad e A. C. iric: Derivados de sulfonamida-1,2,4-triazol como agentes antifúngicos e antibacterianos: Síntese, avaliação biológica, lipofilicidade e estudos conformacionais. Bioorg. Med. Chem. 2008; 16: 1150-1161.

53. N. Miyamoto, N. Sakai, T. Hirayama, K. Miwa, Y. Oguro, H. Oki, K. Okada, T. Takagi, H. Iwata, Y. Awazu, S. Yamasaki, T. Takeuchi, H. Miki, A. Hori, S. Imamura: Discovery of N-[5-({2-[(cyclopropylcarbonyl)amino]imidazo[1,2-b]pyridazin-6-yl}oxy)-2-methylphenyl]-1,3-dimethyl-1H-pyrazole-5-carboxamide (TAK-593), a highly potent VEGFR2 kinase inhibitor. Bioorg. Med. Chem. 2013; 21: 2333-2345.

54. P. B. Miniyar, A. A. Mahajan, S. N. Mokale, M. U. Shah, A. S. Kumar, G. U. Chaturbhuj: Triazole hybrids as new type of anti-fungal agents. Arab. J. Chem. 2013; http://dx.doi.org/10.1016/j.arabjc.2013.09.005.

55. C.P. Kaushik, Krishan Kumar, S.K. Singh, Dharmendra Singh, Sangita Saini, Síntese e avaliação antimicrobiana de 1,4-dissubstituídos 1,2,3-triazoles com funcionalidade de éster aromático. Arab. J. Chem. (2013), http://dx.doi.org/10.1016/j.arabjc.2013.09.023.

56. A. Ibrahim Mohammed, N. Hadi Mansour, L. Salih Mahdi: Síntese e atividade antibacteriana de *1-N*-(β-D-Glucopiranosil)-4-((*1-substituído-1H-1*,2,3-triazol-4-il)etoximetil)-1,2,3-triazóis. Arab. J. Chem. 2014; http://dx.doi.org/10.1016/j.arabjc.2014.02.016.

57. A. El-Badih A. G. Ghattas, H. M. Moustafa, E. A.A. Hassanein, B. R.M. Hussein: Síntese e atividade antibacteriana de alguns novos derivados de 4-anilino-5-fenil-4H-

1,2,4-triazol-3-tiol, Arab. J. Chem. 2012; http://dx.doi.org/10.1016/j.arabjc.2012.04.016.

58. Chetan M. Bhalgat, M. Irfan Ali, B. Ramesh, G. Ramu, Nova pirimidina e seus derivados fundidos com triazol: Síntese e investigação da atividade antioxidante e anti-inflamatória, Arabian Journal of Chemistry (2011), http://dx.doi:10.1016/j.arabjc.2010.12.021.

59. Y. J. Mange, A. M. Isloor, S. Malladi, S. Isloor, H.-K. Fun: Síntese e actividades antimicrobianas de alguns novos derivados de 1,2,4-triazol. Arab. J. Chem. 2013; 6: 177-181.

60. S. Tahlan, P. Kumar, K. Ramasamy, V. Mani, R. Kumar Mishra, A. Bakar Abdul Majeed, B. Narasimhan: Síntese, avaliação antimicrobiana, anticancerígena e estudos QSAR de benzilideno/2- hidroxinaftaleno-1-ilmetileno/3-fenilalilideno/5-oxopentilideno -4-(2-oxo-2-(4H-1,2,4-triazol-4-il) metilamino)benzohidrazidas substituídas por N0. Arab. J. Chem. 2013; http://dx.doi.org/10.1016/j.arabjc.2013.07.029.

61. R. D. Hunashal, P. M. Ronad, V. S. Maddi, D. Satyanarayana, M.A. Kamadod: síntese, atividade anti-inflamatória e analgésica de derivados do ácido 2-[4-(benzilidenoamino substituído)-5-(fenoximetil substituído)-4H-1,2,4-triazol-3-il tio] acético. Arab. J. Chem. 2011; http://dx.doi:10.1016/j.arabjc.2011.01.003.

62. N. S. Hari Narayana Moorthy, U. B. Vittal, C. Karthikeyan, V. Thangapandian, A. P. Venkadachallam, P. Trivedi: Síntese, avaliação antifúngica e estudo in silico de novas bases de Schiff derivadas de 4-amino-5-(3,5-dimetoxifenil)-4H-1,2,4-triazol-3-tiol. Arab. J. Chem. 2014; http://dx.doi.org/10.1016/j.arabjc.2013.12.021.

63. A. R. Saundane, Y. Manjunatha: Síntese, actividades antimicrobianas e antioxidantes de 2-oxo-6-fenil-2-il-4-(20-fenil-50-substituído 1H-indol-30-il)-1,2-dihidro piridina-3-carbonitrilos e seus derivados. Arab. J. Chem. 2011; http://dx.doi:10.1016/j.arabjc.2011.06.011.

64. S. Amara, A. A. Othman: Uma nova e conveniente síntese, caraterização e atividade antibacteriana de aciclo-C-nucleósidos de dupla cabeça a partir de D-glucose não protegida. Arab. J. Chem. 2012; http://dx.doi.org/10.1016/j.arabjc.2012.05.005.

65. O. zlem Gu rsoy-Kol, E. Ayazog lu: Antioxidant activities and acidic properties of some novel 4-[3,4-di-(4-nitrobenzoxy)-benzylidenamino]-4,5-dihydro-1H-1,2,4-triazol-5-one derivatives, Arab. J. Chem. 2014; http://dx.doi.org/10.1016/j.arabjc.2013.11.015.

66. D. Sunil, A. M. Isloor, P. Shetty, K. Satyamoorthy, A. S. B. Prasad: 6-[3-(4-Fluorofenil)-1H-pirazol-4-il]-3-[(2-naftiloxi)metil][1,2,4]triazolo[3,4-b][1,3,4]-tiadiazol como potente antioxidante e agente anticancerígeno induz a inibição do crescimento seguida de apoptose em células HepG2. Arab. J. Chem. 2010; 3: 211-217.

MIX
Papier aus verantwortungsvollen Quellen
Paper from responsible sources
FSC® C105338

Printed by Books on Demand GmbH, Norderstedt / Germany